Googleで学んだ
[超速] パソコン仕事術

誰でもすぐに使える業務効率化のテクニック 81

Ultra high-speed PC work methods
from a Googler.

井上真大
Masahiro Inoue

本書に関するお問い合わせ

　この度は小社書籍をご購入いただき誠にありがとうございます。小社では本書の内容に関するご質問を受け付けております。本書を読み進めていただきます中でご不明な箇所がございましたらお問い合わせください。なお、お問い合わせに関しましては以下のガイドラインを設けております。恐れ入りますが、ご質問の際は最初に下記ガイドラインをご確認ください。

●ご質問の前に

　小社Webサイトで「正誤表」をご確認ください。最新の正誤情報を下記のWebページに掲載しております。

> **本書サポートページ**　https://isbn2.sbcr.jp/00709/

　上記ページの「正誤情報」のリンクをクリックしてください。なお、正誤情報がない場合、リンクをクリックすることはできません。

●ご質問の際の注意点

・ ご質問はメール、または郵便など、必ず文書にてお願いいたします。お電話では承っておりません。
・ ご質問は本書の記述に関することのみとさせていただいております。従いまして、○○ページの○○行目というように記述箇所をはっきりお書き添えください。記述箇所が明記されていない場合、ご質問を承れないことがございます。
・ 小社出版物の著作権は著者に帰属いたします。従いまして、ご質問に関する回答も基本的に著者に確認の上回答いたしております。これに伴い返信は数日ないしそれ以上かかる場合がございます。あらかじめご了承ください。

●ご質問送付先

　ご質問については下記のいずれかの方法をご利用ください。

Webページより	上記ページ内にある「この商品に関するお問合せはこちら」をクリックすると、メールフォームが開きます。要綱に従ってご質問をご記入の上、送信ボタンを押してください。
郵送	郵送の場合は下記までお願いいたします。 〒106-0032 東京都港区六本木2-4-5 SBクリエイティブ　読者サポート係

■ 本書内に記載されている会社名、商品名、製品名などは一般に各社の登録商標または商標です。本書中では®、™マークは明記しておりません。
■ 本書の出版にあたっては正確な記述に努めましたが、本書の内容に基づく運用結果について、著者およびSBクリエイティブ株式会社は一切の責任を負いかねますのでご了承ください。

©井上真大
本書の内容は著作権法上の保護を受けています。著作権者・出版権者の文書による許諾を得ずに、本書の一部または全部を無断で複写・複製・転載することは禁じられております。

はじめに

この本を手に取っていただきありがとうございます！
初めまして、著者の井上真大と申します。

この本は誰のための本なのか、どういった内容なのか

唐突ですが、この本はPCオタクになるための本でもなければ、実際の業務では使えないような小難しいテクニックを集めた本でもありません。

あくまで、ビジネスパーソンによるビジネスパーソンのための本です。

実は私自身はもともとソフトウェアエンジニアという仕事をしていました。今やその名前を知らない人はいないと思いますが、アメリカにあるGoogle本社で日本人の新卒第一号としてキャリアを歩んできました。

従って、私自身は大変な技術オタク（笑）であると思います。一方でそれは裏を返せば、一般的なビジネスパーソンより遥かにPCやインターネットに関する知識や情報に精通しているということでもあります。ですが、この本では難解なテクニックは一切載っていません。

今は、私はパートナーと立ち上げたベンチャー企業でCEOとしてビジネスをしています。つまり、今はビジネスマンです。

ビジネスマンとしてビジネスマンの役に立つ術を、エンジニアとしての知識や情報から必要なだけ抜き出したのがこの本です。

ビジネスマンとエンジニアという珍しい両側面を持った人間だから書けた本だと思っています。どうか、手にとって楽しんでみてください。

　なお、本書の9章で、Googleで実際に行われていた時短術、働き方を掲載しています。良ければそちらもあわせてご覧ください。

そもそも時短とはなにか、時短によって何が得られるか

　皆さんは時短と聞いて何を思い浮かべるでしょうか。残業しないで仕事を切り上げて定時で帰る、忙しいのでバスを待たずにタクシーでオフィスに戻る、などなど色々あると思います。ただ、そのどれにも共通するのは、それ自体が目的というよりは、自分の余暇の時間を増やすであったり、別の仕事をする時間を増やすためであったりの手段に過ぎないということです。

　そうです、**時短は時間を作り出すための術**なのです。**また、あなたがどれだけ偉い人間であっても、あるいは、将来どれだけ偉い人になったとしても、一日が24時間であることは変わりません。**全人類が平等に一日24時間である以上、**時短は誰にとってもまたいつまでも有用な術**であり続けるでしょう。

　それでは、時短は時間を生み出すためだけのものでしょうか。いいえ、違います。

　時短によって業務の効率化ができれば、人より仕事を早くこなせたり、同じ時間でも人より多く仕事をこなせ、上司の覚えも良くなることでしょう。

　ここで一つ私のエピソードを話させてください。私がまだGoogleに入って間もない頃、当時チームの技術リーダー的な役割だった先輩がいました。たまたま、私が彼に質問をして、彼が

私の仕事を見ていた時に、私がエディターの設定をいじっていて操作を高速化しているのを見て、「マサ、一体それどうやってるの？ すごい cool じゃん！」と言われたのを今でも覚えています（もちろん実際は英語です）。結局その後彼にはやり方を教えて、もちろん大変感謝をされました。彼はスタンフォード大学を優秀な成績で卒業して、Google に入ったという絵に描いたようなエリートだったのですが、ここで言いたいのは、彼のようなエリートでも知らない時短術がたくさんあるということです。

本書は、業務におけるパソコン操作の、便利な初級〜中級の小ワザをまとめた本です。パソコンの操作に時間がかかる、なんとなく自己流でパソコンを使っている、パソコン操作を効率化させたい、という人が本書の対象読者です。簡単だけれど、実は知らない操作で、知っていれば確実に時短につながるワザを紹介しています。

時短術を身につければ、もちろん自分自身のためになるだけでなく、誰にとっても有用なスキルなので、教えることで感謝されるということもあるでしょう。

つらつらと時短のことや私のことについて書いてきましたが、どのような形であれこの本が皆さんのビジネスライフにお役立ちできれば幸いです。

この本を手にとってくださったことも何かしらのご縁だと思っております。

改めてありがとうございます、そして、楽しんでみてください！

井上真大

目次

はじめに …… 3

第 1 章
全社会人必須の基本設定

01 最短の効率化の第一歩
デスクトップをごみ箱のみにする …… 14

02 頻繁に使用するアプリやフォルダを
一瞬で開く …… 17

03 不要な機能や表示をなくして
効率化を高める …… 22

04 不要な通知をなくし
業務をスムーズに行う …… 27

05 開く既定アプリを決めておき
すばやく編集する …… 30

06 マウス移動と文字入力の反応速度を
劇的に向上させる …… 33

07 会社の機密情報を守るための
第一歩 …… 37

第 **2** 章

1秒でも早く
習得すべき基本操作

01 文字入力を高速化する
9つの基本テクニック …… 44

02 辞書機能を使わずして
真の効率化は実現できない …… 49

03 ウィンドウを一瞬で
自由自在に操作する5つの方法 …… 52

04 無駄なマウス操作は
排除せよ …… 58

05 複数のフォルダとファイルを
瞬時に選択する方法 …… 60

第 **3** 章

「超」情報収集術

01 欲しい情報を手に入れる
超簡単テクニック7 …… 64

02 Google検索の
サジェスト機能を活用せよ …… 70

03 閲覧履歴を確実に消す方法と
注意点 …… 72

04 ブックマークの
管理方法 …… 77

05 ブラウザ起動時に最初に表示する
Webサイトを設定すべし …… 85

06 Google検索の
「お手軽らくちん機能」 …… 92

07 最強のパスワードの保存と
管理方法 …… 95

第 **4** 章

すぐに使えて、
一生役立つ仕事術

01 3秒で目的のファイルを
開く方法 …… 102

02 もう失敗しない！
必要な部分を必要なだけ印刷する方法 …… 109

03 画像加工ソフト不要の
画像編集方法 …… 115

第**5**章

「伝わる資料」の作り方

01 伝わる資料を作るには
「誰に」「何を」伝えるかをとことん考える …… 120

02 わかりやすい資料を作る
7つの最強テクニック …… 125

03 文字の装飾は3種類を
適切に使いこなす …… 133

04 わかりやすさをアップさせるための
仕上げ …… 139

第**6**章

データの見せ方と
整理の基本

01 表の最適な見せ方
5大ルール …… 146

02 最速でデータ入力を行う
7つの方法 …… 152

03 たった4つの関数で
面倒な入力を自動化する …… 160

04 無駄な労力を徹底排除！
大量データの基本操作方法 …… 173

05 最高に見やすいグラフを作る
考え方とその方法 …… 182

第 **7** 章

すぐに役立つ！
効率的なメールの使い方

01 メール操作の
基本の「き」 …… 186

02 署名に
定型文を登録しておく …… 191

03 大量メールを
高速で処理する方法 …… 193

04 過去のメールを
最速で見つけ出す方法 …… 196

05 大容量ファイルは
送るのではなく共有する …… 201

06 ミーティングとメールを
適切に使い分ける …… 205

第 **8** 章

パソコンを
最高の状態に保つ方法

01 まずはパソコンの状態を
確認すべし …… 208

02 不要なシステムを削除し、
パソコンの動作を高速化する …… 217

03 データを確実に守る
3つの方法 …… 220

04 パソコンの動作が
突然重くなる原因 …… 226

第 **9** 章

【挑戦編】
最高の効率化へ導く
5つの提案

01 簡単なやり取りには
チャットを使う …… 228

02 ビデオ会議の活用で
さらなる効率化へ …… 230

03 常に最新のファイルを
共有しよう …… 232

04 ミーティングの設定は
カレンダーを駆使すべし …… 238

05 クラウドメール「Gmail」を
活用する …… 240

ショートカットキー一覧 …… 244

索引 …… 249

第 **1** 章

全社会人
必須の
基本設定

01 最短の効率化の第一歩　デスクトップをごみ箱のみにする

02 頻繁に使用するアプリやフォルダを一瞬で開く

03 不要な機能や表示をなくして効率化を高める

04 不要な通知をなくし業務をスムーズに行う

05 開く既定アプリを決めておきすばやく編集する

06 マウス移動と文字入力の反応速度を劇的に向上させる

07 会社の機密情報を守るための第一歩

01 | 最短の効率化の第一歩 デスクトップをごみ箱のみにする

なぜデスクトップをごみ箱のみにするべきか

「はじめに」で、時短は手段であり、時短によって生み出した新たな時間で何をするかが目的と述べました。では、いよいよその方法の第一歩をお教えいたします。

まずは下の画面を見てください。

図 デスクトップをごみ箱以外「一旦」空にする方法

これは筆者のデスクトップ画面です。

「ごみ箱」と1つのショートカットが右下にあるだけです(ごみ箱は非表示にもできますが、ごみ箱を空にする時などに再表示しなければならないので残しています。ショートカットはある理由から作成しています(p.38で説明しています)が、不要であればなくて構わないものです)。

筆者は、**ごみ箱以外はデスクトップにない状態がベスト**であ

ると考えています。

あなたのデスクトップの状態はどうでしょうか？　もしもデスクトップが煩雑になっており、不要なものがあったなら、すべて取り除いてしまいましょう。

デスクトップに必要なショートカットキーや、普段使っているフォルダを配置しているので、どうしても残しておきたいという場合は無理に削除・移動しなくても構いません。ただ、デスクトップ画面は基本的にその時使用しているソフトやアプリが表示されている場所です。ソフトやアプリを開いていて、==デスクトップに置いているショートカットキーやフォルダがすぐにクリックできない場面などに遭遇したことはないでしょうか？==

この状態から、==一瞬で目的のアプリやフォルダ、ファイルにアクセスできるようになる==方法を紹介します。

無理にこの方法を取る必要はありませんが、思い切って時短に取り組みたいという人は、これから説明する方法でデスクトップを整理してみましょう。やり直しも利く方法なので、安心して行えます。

┃デスクトップにあるものは「一旦」フォルダに格納する

煩雑なデスクトップを整理する方法を説明します。

その方法とは、==ごみ箱以外のすべてのアイコンを1つのフォルダに一時的に移動させる==ということです。

単純すぎる方法ですが、これが==「一旦」整理する==には最も手っ取り早い方法です。「一旦」と書きましたが、これには続きがあります。

図 デスクトップをごみ箱以外「一旦」空にする方法

　さて、デスクトップに置いてあったファイルをすべてフォルダに格納できたでしょうか。

　それでは、この状態のまま1〜2週間ほど仕事をしてみましょう。デスクトップに置いていたショートカットキーやフォルダの中で、==なくて何度も困ったもの==が出てきたでしょうか。これが、あなたが==頻繁に使用する==ソフトやアプリ、またはフォルダです。

　このソフトやアプリ、ファイルについては、==タスクバーにピン止めしましょう(p.17)。フォルダは、エクスプローラーの「クイックアクセス」に設定します(p.19)==。これらの方法で、==一瞬で目的のアプリやフォルダ、ファイルを開けられます。==

　以上のように整理すると、デスクトップに配置していたショートカットキーやフォルダ、ファイルはほとんど必要なくなります。p.15でフォルダに避難していたショートカットキーなどを消してしまいましょう。

　ですが、もしもこういった手段では回避できないということがあれば、デスクトップに戻して使いましょう。

　デスクトップを真っ白の状態にすることが目的ではなく、快適にパソコンを使用できる環境を作ることが目的です。

02 | 頻繁に使用するアプリやフォルダを一瞬で開く

第1章 全社会人必須の基本設定

頻繁に使うアプリを一瞬で起動する3つの方法

デスクトップにショートカットやフォルダ、ファイルを配置しなくても、すぐに各機能を起動させられる方法を説明していきます。

▶よく使うアプリをタスクバーにピン留めする

あらかじめいくつかのアプリがピン留めされているので、まずそれらの中から必要のないアプリを外しましょう。そのあとに、実際に使用していくアプリをピン留めしていきます。

> **ヒント**
> ピン留めする個数は、パッと見てすぐにクリックできる個数までに限定しておいたほうがよいでしょう。

操作手順

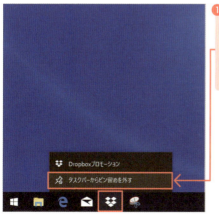

❶ 外したいアプリのアイコン上で右クリックし、[タスクバーからピン留めを外す]をクリックする

ピン留めしたいアプリを起動する。すると、タスクバーにアイコンが表示される

アイコン上で右クリックして[タスクバーにピン留めする]をクリックする

ピン留めしたアプリのアイコンは、ドラッグ&ドロップして位置を変えられる。頻繁に使うものから順に左から右へ並べておくと使いやすい

▶時々使うアプリは検索窓で開く

次に、デスクトップになくて一、二度困ったアプリはあったでしょうか。または、経費の計算アプリなど、月に一度必ず開くものもあるかもしれません。そういったアプリについては、スタートメニューの横にある検索窓でアプリ名を入力し、検索して開くようにしましょう。

操作手順

デスクトップの検索窓をクリックする

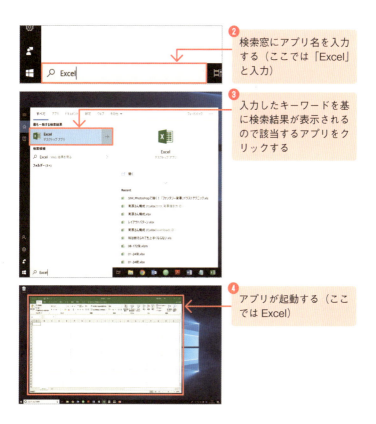

❷ 検索窓にアプリ名を入力する（ここでは「Excel」と入力）

❸ 入力したキーワードを基に検索結果が表示されるので該当するアプリをクリックする

❹ アプリが起動する（ここでは Excel）

▶頻用するフォルダやファイルを即座に開く方法

頻繁に使用するフォルダやファイルは、エクスプローラーの「クイックアクセス」に登録して即座に開けるようにしましょう。

図 クイックアクセスはエクスプローラーのメニュー左上に表示される

操作手順

❶ エクスプローラーでクイックアクセスに登録したいフォルダを開く

❷ 左のツリーに表示されている、クイックアクセスに登録したいフォルダを右クリックするとメニューが表示される

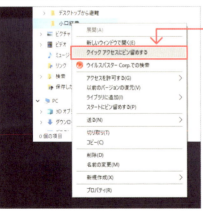

❸ 「クイックアクセスにピン留めする」をクリックする

次に、**クイックアクセスに登録したフォルダを開く方法**を説明します。

操作手順

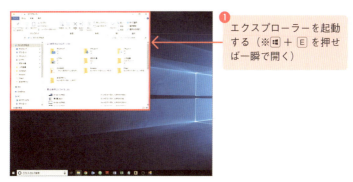

❶ エクスプローラーを起動する（※⊞ ＋ E を押せば一瞬で開く）

❷ ツリーに表示されている「クイックアクセス」下の目的のフォルダをクリックする

❸ フォルダが開く

03 | 不要な機能や表示をなくして効率化を高める

不要な機能は百害あって一利なし

　不要な機能や表示をなくし、操作の誤りをなくし、最短で目的のものが表示されるように設定しましょう。

▶ スタートを非表示にする

　まずはスタートメニューを開くと毎回表示される「スタート」を非表示にします。

　スタートメニューの右側にタイル状に表示されているのが「スタート」です。

図 タイル状に表示されているスタート

操作手順

❶ スタートのタイルの上で右クリックする

❷ [スタートからピン留めを外す] をクリック。❶〜❷をすべてのタイルに行う

❸ スタートボタンをクリックすると、「スタート」が表示されなくなる

❹ 自動で非表示にならない場合は、[スタート画面]の右端にマウスカーソルを重ね、左側にドラッグする

▶不要なアプリを削除する

　<mark>これまでに一度も使ったことがない、またこれからも使う予定がないアプリは削除しましょう。</mark>判断に迷うものは、そのまま残しておいても大丈夫です。

　アプリの削除は、スタートメニューから[設定]を呼び出して[アプリと機能]の画面で行います。

操作手順

❶ スタートボタンをクリックし、[設定]ボタンをクリックする

24

❷ 設定画面が表示されるので、[アプリ]をクリックする

❸ [アプリと機能]の一覧から削除したいアプリを選択し、[アンインストール]をクリックすると、削除が開始される(アプリ毎に動作が異なるので、画面のメッセージに従って操作する)

▶ パソコン起動時に立ち上がる不要なアプリを削除

次に[スタートアップ]の整理をします。スタートアップに登録されたアプリはWindowsの起動と同時に読み込まれます。毎回、必ず使用するアプリなら起動の手間が省けて便利なのですが、めったに使うことのないアプリが登録されていると、その分だけ余計なメモリを消費してしまいます。そうしたアプリは[スタートアップ]から外しましょう。

操作手順

❶ スタートボタンをクリックし、[設定]ボタンをクリックする

25

04 | 不要な通知をなくし業務をスムーズに行う

Windowsからの通知機能をオフにする

パソコンで作業している最中にWindowsやアプリから通知を受けることがあります。

「パソコンが外部から攻撃されている」「ウィルスに感染している」など、急を要するものであれば仕方がありませんが、たいていは「あと」で確認すればよいものばかりです。

筆者は、そうした不要不急ではない通知に作業の邪魔をされたくないので、Windowsからの通知は基本「オフ」に設定し、通知があればあとから確認・対処するようにしています。

操作手順

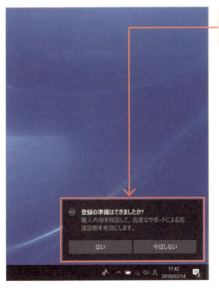

不必要なメッセージが表示されてしまっている

[設定] → [システム] → [集中モード] の順にクリックし、[重要な通知のみ] に設定してもよい

プレゼン中に通知を表示させない

[自動規則]にある[ディスプレイを複製しているとき]が[オン]になっていると、プレゼンテーション中(操作に使用するパソコンの画面を別のディスプレイやスクリーンに複製表示しているとき)は、すべての通知が表示されなくなります。初期設定では[オン]に設定されていますが、念のため確認しておきましょう。

操作手順

❶ スタートメニューから[設定] → [システム] → [通知とアクション] の順にクリックし、[自動規則] の [ディスプレイを複製しているとき] をオンにする

05 | 開く既定アプリを決めておき すばやく編集する

ファイルの種類ごとに開く既定アプリを決めておく

たとえばWordで作成したファイルをダブルクリックして開くと自動的にWordが起動して該当のファイルがWordで開きます。また、デジカメで撮影した写真やインターネットでダウンロードした画像ファイルをダブルクリックすると、「フォト」というアプリが起動して写真が表示されると思います。

これらは、ファイルの種類ごとにどのアプリで開くのかあらかじめ設定されているので、このような動作をします。

ですが、たとえば画像ファイルは他の使い慣れたアプリで開きたい、テキストファイルはメモ帳ではなく他のテキストエディタで編集したい、といった場合はないでしょうか。そのようなときは、ファイルの種類ごとに開くアプリを設定し直してしまいましょう。

▶ファイルを開く既定のアプリを設定する

「どのファイルをどのアプリで開くか」設定することをファイルの関連付けといいます。ファイルの関連付けは、ユーザーが自由に変更できます。開くアプリを設定し直したい場合は、ファイルの関連付けを見直しましょう。

操作手順

❶ 設定を変更したいファイルのアイコン上で右クリックして、[プロパティ]をクリック。[ファイル名のプロパティ]画面で[プログラム]の右側にある[変更]ボタンをクリックする

❷「今後の〜ファイルを開く方法を選んでください。」と表示されるので、[その他のオプション]から指定したいアプリを選択して[OK]ボタンをクリックする

　これで次回からは設定したアプリでファイルが開くようになります。

▶「今回だけ」異なるアプリで開く

　ときどき、「今回だけ」いつもとは違うアプリでファイルを開きたいというケースがあります。そのようなときは[プログラムから開く]を使ってファイルを開きましょう。

操作手順

❶ ファイルのアイコン上で右クリックし、［プログラムから開く］をクリックし、次に表示されるメニューから開きたいアプリを選択（表示されていなければ［別のプログラムを選択］を選択）してファイルを開く

ヒント

上記のように［プログラムから開く］をクリックすると、ファイルによっては、下図のような画面が表示される場合があります。その場合は下の説明のように操作してください。

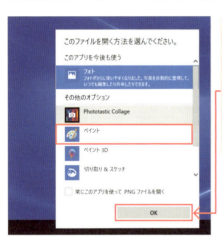

❶で一覧に目的のアプリが表示されていない場合は、［別のプログラムを選択］をクリックし、［このファイルを開く方法を選んでください。］で開きたいアプリを選択し、［OK］ボタンをクリックすると、ファイルが開く

ヒント

上図の画面の［常にこのアプリを使って～ファイルを開く］にチェックして、選択したアプリでファイルを開くと、その選択アプリが既定アプリになります。

06 | マウス移動と文字入力の反応速度を劇的に向上させる

反応速度アップで操作にかかる時間を簡単に短縮する

これまでに一度もマウス・キーボードの設定を変更したことがない、あるいはマウスポインターの移動速度が遅い、文字入力の表示が遅い、と感じたことがある。そのような場合は、マウス・キーボードの設定を見直してみましょう。

▶マウスポインターの移動速度を設定する

筆者はマウスポインターの移動速度を「最速」に設定しています。マウスの操作にかかる時間をなるべく短縮して、よりスピーディーに作業を進めたいからです。

「最速」ではポインターの動きが速すぎてかえって扱いにくい場合は、自分に合った速度に緩めましょう。

操作手順

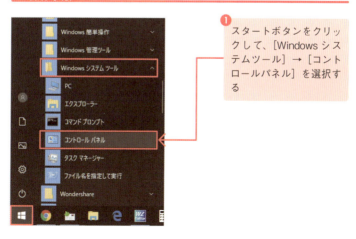

❶ スタートボタンをクリックして、[Windows システムツール] → [コントロールパネル] を選択する

▶ 文字入力の表示速度を設定する

操作手順

① スタートボタンをクリックして、[Windows システムツール]→[コントロールパネル]を選択する

② [コントロールパネル]の[表示方法]を[小さいアイコン]か[大きいアイコン]に変更する

③ [キーボード]をダブルクリックする

❹ [キーボードのプロパティ]の[速度]タブの[文字の入力]の[表示までの待ち時間]と[表示の間隔]で調整する

❺ [このボックス内でキーを押し続けて〜]下のボックスをクリックし、入力速度の調整結果を確認する。適切なスピードになったら[OK]ボタンをクリックする

07 | 会社の機密情報を守るための第一歩

離席時は画面をロックする癖をつける

　何らかの理由で<mark>自分の席を離れるときは、パソコンの画面をロックしておきましょう。</mark>そのままにしておくと、誰かに作業中の画面を見られたり、勝手に操作をされたり、場合によっては<mark>機密情報の漏洩につながるおそれ</mark>があります。

　Googleには「会社の機密データは個人ではなく、チームや組織で守る」という考えが根底にあり、一個人のミスが原因で会社に大きな損失を与えたり、重大なトラブルが発生したりしないよう厳重にリスク管理されています。もちろん、そのような環境にあっても離席時の画面ロックは私たち社員の必須事項でした。

▶ パソコンをロックする（Windowsキーあり）

　<mark>パソコンをロックするのは簡単です。席を離れる前に[Windows]＋[L]を押すだけです。</mark>はじめは面倒に感じるかもしれませんが、2つのキーを同時に押すだけなので、すぐに慣れるはずです。

___操作手順___

❶ ⊞ ＋ L を押すと、画面がロックされる

▶**画面ロックにショートカットキーを割り当てる**

<mark>[Windows]キーのないキーボードを使っている場合</mark>(筆者もその一人です)、スタートメニューのアカウントから[ロック]するか、または[Ctrl]+[Alt]+[Delete]を押して表示される画面で[ロック]を選択する必要があります。しかし、[Windows]+[L]の同時押しと比べて操作が面倒です。

そこで、<mark>ショートカットキーを割り当てて一発でロックできるように設定する</mark>方法を紹介します。

操作手順

❶ デスクトップ上で右クリックして、[新規作成]→[ショートカット]の順にクリックする

❷ [ショートカットの作成]の[項目の場所を入力してください]に「C:¥Windows¥System32¥rundll32.exe user32.dll,LockWorkStation」と入力し、[次へ]をクリックする

❸ [このショートカットの名前を入力してください]に「ロック」と入力し、[完了]ボタンをクリックする

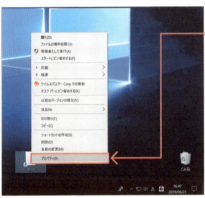

❹ デスクトップに作成されたショートカット「ロック」を右クリックし、[プロパティ]をクリックする

❺ [ロックのプロパティ]画面で[ショートカットキー]の欄をクリックし、Ctrl と Alt と L を同時に押す

これで[Ctrl]+[Alt]+[L]が、画面ロックのショートカットキーに設定されます。アイコンをダブルクリックするか、設定したショートカットキーを押すと画面がロックされるようになります。

▶ スリープのショートカットを設定する

同様の手順でスリープのショートカットを設定できます。通常、スリープは[スタート]→[電源]→[スリープ]とクリックしていかなければなりませんが、ショートカットを作成しておけば一発でパソコンをスリープさせられます。筆者は、業務を終えるときにパソコンの電源は落とさずスリープのままにしています。このため[ロック]ではなく、[スリープ]のショートカットを作って利用しています。

操作手順

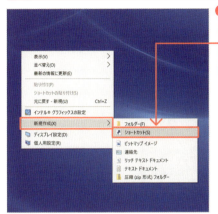

① デスクトップ上で右クリックして、[新規作成]→[ショートカット]の順にクリックする

② [ショートカットの作成]の[項目の場所を入力してください]に「C:¥Windows¥System32¥rundll32.exe powrprof.dll,SetSuspendState 0,1,0」と入力し、[次へ]をクリックする

③ [このショートカットの名前を入力してください]に「スリープ」と入力し、[完了]ボタンをクリックする

❹ デスクトップに作成されたショートカット「スリープ」を右クリックし、[プロパティ]をクリックする

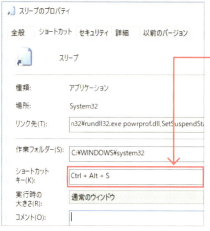

❺ [スリープのプロパティ]画面で[ショートカットキー]の欄をクリックし、[Ctrl]と[Alt]と[S]を同時に押し、画面下の[OK]ボタンをクリックする

　これで、「ロック」のときのようにショートカットキー[Ctrl]+[Alt]+[S]でスリープが実行できます。もちろん、ショートカットをダブルクリックしても同じように動作します。

　また、これまで設定したショートカットキーの組み合わせは、筆者が操作しやすく設定したものなので、もちろん自由に変更可能です。操作しやすいようにカスタマイズしてください。

第 **2** 章

1秒でも早く
習得すべき
基本操作

01 文字入力を高速化する9つの基本テクニック

02 辞書機能を使わずして真の効率化は実現できない

03 ウィンドウを一瞬で自由自在に操作する5つの方法

04 無駄なマウス操作は排除せよ

05 複数のフォルダとファイルを瞬時に選択する方法

01 | 文字入力を高速化する 9つの基本テクニック

キーボードの「ホームポジション」をキープする

　パソコンを使った業務でもっとも頻繁に行う作業は、文字の入力です。文字をスムーズに入力することができれば、それだけで作業効率は飛躍的にアップします。

　文字入力を高速化する基本の「き」は、「ホームポジション」を利用することです。

　具体的に説明すると、左の人指し指を[F]、右の人差し指を[J]に軽く乗せ、そこから目的のキーを押し、文字の入力を終えたら、再び[F]と[J]に指を戻します。

　このとき、ホームポジションからできるだけ指を動かさない、動かしたあとにできるだけ早くホームポジションに指を戻す、この2点を守ってください。

　ホームポジションから指が離れている時間が長ければ長いほど、文字の入力に時間を要していることになるので注意してください。

図 左右の人差し指を F と J に配置する

すばやく正確に文字を変換する

次に大事になるのが文字の変換です（※ここではローマ字入力を前提に説明していきます）。英語などとは違い、日本語の文章では、漢字やカタカナやアルファベットなどへの変換が必要不可欠です。このため、**いかに正確にすばやく変換を行うかが文字入力の高速化のカギを握ります。**

そのために役立つ機能が、**ファンクションキー［F6］〜［F10］**を使った文字の変換です。

操作手順

ひらがなに変換する ── F6 （または Ctrl ＋ U ）

> にほんごにゅうりょく

文字を入力中に F6 （または Ctrl ＋ U ）を押すとひらがなになる

カタカナに変換する ── F7 （または Ctrl ＋ I ）

> ニホンゴニュウリョク

文字を入力中に F7 （または Ctrl ＋ I ）を押すとカタカナになる

半角カタカナに変換する ── F8 （または Ctrl ＋ O ）

> ﾆﾎﾝｺﾞﾆｭｳﾘｮｸ

文字を入力中に F8 （または Ctrl ＋ O ）を押すと半角カタカナになる

全角英数字に変換する —— F9（または Ctrl + P ）

nihongonyuuryoku

文字を入力中に F9 （または Ctrl + P ）を押すと全角英数字になる

半角英数字に変換する —— F10（または Ctrl + T ）

nihongonyuuryoku

文字を入力中に F10 （または Ctrl + T ）を押すと半角英数字になる

行頭や行末、文頭や文末に瞬間移動させる

文章入力中にカーソルを移動したい場合、マウスでの操作よりも**キーボードでの操作の方が、場合によっては10倍以上速くなります。**

文字入力は、名前の通りキーボードから入力する操作なので、文字間を移動する際にもキーボードを操作して移動した方が、マウスに持ち替えて移動するよりも格段に効率的です。紹介するものはとても簡単なショートカットなので、慣れるまで使いこなしましょう。

たとえば、**文章中の細かな移動には、[↑][↓][←][→]キーを使うとよい**ですが、大きく移動したいときは以下のショートカットを使いましょう。

- カーソルを**行頭**へ移動する⇨[Home]
- カーソルを**行末**へ移動する⇨[End]
- カーソルを**文頭**へ移動する⇨[Ctrl]＋[Home]
- カーソルを**文末**へ移動する⇨[Ctrl]＋[End]

操作手順

カーソルを行頭へ移動する　— Home

カーソルを行末へ移動する　— End

カーソルを文頭へ移動する　— Ctrl + Home

カーソルを文末へ移動する ── Ctrl + End

　これらのショートカットを利用すると、マウスのスクロールやクリックで操作するより何倍も早く入力が可能です。

　また、単語ごとに移動するには、[Ctrl] + [←]（または[→]）を使用しましょう。矢印キーのみの移動よりすばやく操作できます。

COLUMN
キーがない場合はカスタマイズする

　筆者のキーボードには[Home]や[End]がありません。ないと大変不便なので、キー設定をカスタマイズしています。

　たとえば[Home]は[Ctrl] + [F]（frontの頭文字）に設定し、[End]は[Ctrl] + [E]（endの頭文字）に設定してそれぞれ使用しています。

　カスタマイズ方法は、まずはタスクバーのIMEのアイコン上で右クリックして表示されるメニューから[プロパティ]、[Microsoft IMEの設定]画面で[詳細設定]、次に表示される画面で[全般]をクリックし、[編集操作]の[キー設定]の右横にある[変更]ボタンをクリックします。すると表示される画面の[キー設定]タブでカスタマイズが可能です。

02 辞書機能を使わずして真の効率化は実現できない

頻繁に入力する単語を辞書に登録する

　文字の予測変換(サジェスト機能)や入力履歴を利用することで、入力にかかる時間と手間を大きく減らせます。しかし、それだけではまだ十分とは言えません。**IMEの辞書機能**を組み合わせて、さらなる効率アップを図りましょう。

　辞書機能が力を発揮するのは、頻繁に使う短文(挨拶などの定型文)や、名前や住所、メールアドレス、あるいは間違いやすい英語のつづり(名前や製品名)などです。これらの**頻出用語を辞書に登録**しておけば、普通に変換するよりも、すばやくそして正確に文字入力ができるようになります。

　それでは、辞書機能を利用して単語を登録する方法を紹介します。

操作手順

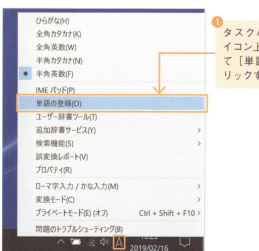

① タスクバーの IME のアイコン上で右クリックして［単語の登録］をクリックする

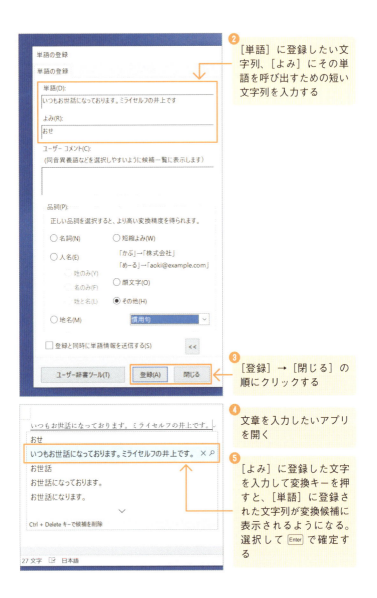

❷ [単語] に登録したい文字列、[よみ] にその単語を呼び出すための短い文字列を入力する

❸ [登録] → [閉じる] の順にクリックする

❹ 文章を入力したいアプリを開く

❺ [よみ] に登録した文字を入力して変換キーを押すと、[単語] に登録された文字列が変換候補に表示されるようになる。選択して Enter で確定する

郵便番号で住所を自動入力する

Microsoft IMEには、標準で[郵便番号辞書]が登録されています。この機能を使うと、郵便番号から住所を自動入力できます。

標準で設定がオンになっているので、特別な操作設定は必要ない

それでは、実際に**郵便番号から住所を入力する方法**を説明します。

操作手順

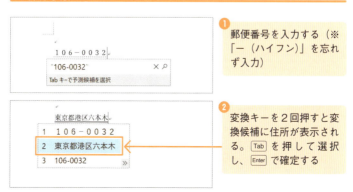

❶ 郵便番号を入力する（※「－（ハイフン）」を忘れず入力）

❷ 変換キーを2回押すと変換候補に住所が表示される。[Tab]を押して選択し、[Enter]で確定する

03 | ウィンドウを一瞬で自由自在に操作する5つの方法

今必要なウィンドウを的確に操作する

作業中に複数のファイルや複数のアプリケーションを行き来することがあるかと思います。そのような場面ではついマウスに手が伸びてしまいがちですが、**マウスよりも何十倍も早くウィンドウを操作できるショートカット**があります。

これから紹介していきますが、どれも簡単なショートカットキーで大変役に立つものなので、ぜひ使いながら覚えていきましょう。

▶作業ウィンドウを切り替える ── [Alt] + [Tab]

筆者が一番使用しているのが「作業ウィンドウの切り替え」です。**現在開いているウィンドウが一覧表示されるので、そこから目的のウィンドウがすぐに見つけられます。**

操作手順

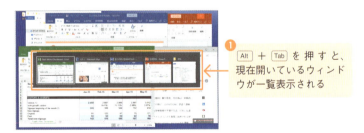

❶ [Alt] + [Tab] を押すと、現在開いているウィンドウが一覧表示される

💡ヒント

❶で [Alt] + [Tab] を押したら、[Alt] だけ押したまま、[Tab] を離してください。すると、❶で出現したウィンドウ一覧が表示された状態になります。❷にありますが、そのまま [Alt] を押した状態で [Tab] を押すと、ウィンドウの選択カーソルが移動します。

❷ ❶の状態で [Alt] を押したまま [Tab] を何度か押し、目的のウィンドウまで選択カーソルを移動させたら、キーから指を離す

❸ 選択したウィンドウが最前面に表示される

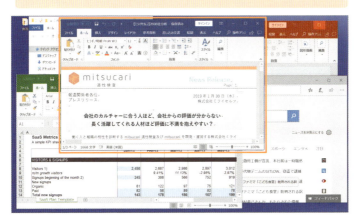

　このウィンドウ操作は、開いているウィンドウが多いほど威力を発揮します。あれこれと作業している内に、次に開きたいウィンドウがどこにあるのかわからなくなることはありませんか？

　この方法であれば、今開いているウィンドウをプレビュー表示で確認できるので、目的のウィンドウに最短でたどりつけます。

▸ 不要なウィンドウを閉じる ── [Ctrl]＋[W]

[Ctrl]＋[W]で、最前面にあるウィンドウが閉じます。

また、さらに[Alt]＋[Tab]と組み合わせて使うことで、不要なウィンドウを次々と閉じ、整理できます。

操作手順

❶ [Alt]＋[Tab]でウィンドウ一覧を表示し、[Alt]を押したまま[Tab]または矢印キーで閉じたいウィンドウまで選択カーソルを移動させたら、キーから指を離す

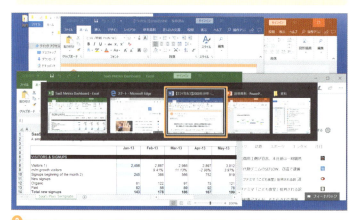

❷ 選択したウィンドウが最前面に表示されるので、[Ctrl]＋[W]でウィンドウを閉じる。これを繰り返してウィンドウを整理する

▶ **すべてのウィンドウを最小化する** ── ⊞ ＋ M

デスクトップに置いたファイルやフォルダにアクセスしたいときに便利なのが「すべてのウィンドウを最小化する」です。[Windows] + [M]ですべてのウィンドウがタスクバーに格納されます。

操作手順

❶ ⊞ ＋ M を押す

❷ すべてのウィンドウがデスクトップ上から消える。ウィンドウを元に戻したいときは、⊞ ＋ Shift ＋ M を押す

すべてのウィンドウを最小化する[Windows] + [M]は、一旦頭を整理することにも役立ちます。たくさんのウィンドウを開いている状態だと、思考の整理がしづらくなってしまいます。それでも開いているウィンドウはまだ作業に必要なものだとしたら、閉じずに一旦最小化することで、頭をリフレッシュさせてあげるのがよいと思います。

▶作業中のウィンドウを全画面表示にする ── ⊞＋↑

作業中のウィンドウを最大化、または最小化したいときは[Windows]＋[↑]、または[Windows]＋[↓]を使用します。

操作手順

⊞＋↑（↓）を押すと、ウィンドウが最大化（最小化）する

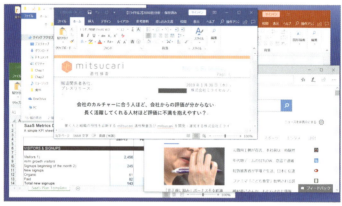

▶ ウィンドウを左右に並べる ── ⊞ + ←

デスクトップを2分割して、その左右にウィンドウを並べて表示することができます。==ファイルの内容を比較検討したり、参照したりするときに非常に便利です。==

操作手順

> ⊞ + ← （→）を押して、現在作業中のウィンドウを左（右）側に配置。反対側に表示された一覧から目的のウィンドウまで矢印キーで移動し、Enter で確定すると、下図のように左右にウィンドウが配置される

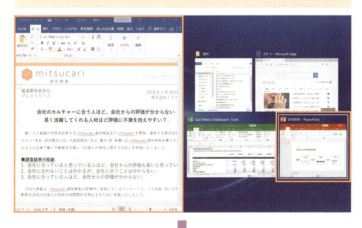

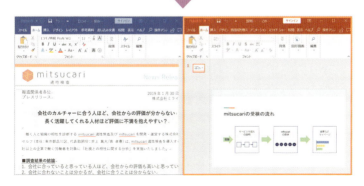

第2章　1秒でも早く習得すべき基本操作

04 | 無駄なマウス操作は排除せよ

キーボード操作はできるだけショートカットを駆使する

パソコンの操作には、キーボードから行ったほうがよいものと、マウスを使ったほうがよいものがあります。

たとえば文字の入力中の移動などは、p.46でも取り上げたように、できるだけキーボードで行ったほうが作業効率がアップします。そのために役立ててほしいのがキーボードショートカットです。

また、ブラウザの操作に関しても、タブを開いたり閉じたり、複数のタブ間を移動したり、ページをスクロールしたり、インターネット検索をしたりといった作業は、マウスよりもキーボードの方が向いています。

一方でフォルダを開く、ファイルを開くといった操作は、無理にキーボードからやるよりもマウスを使った方が簡単です。

大切なことは、キーボードとマウスをうまく使い分けることです。

▶ 作業効率をアップしてくれるショートカットキー

ショートカットキーは数多くありますが、筆者が普段よく使っているものを紹介します。

必ずしもすべてを覚える必要はありません。

普段の業務でよく使うものから少しずつ試してみてください。何度か使っているうちに自然と身についていくはずです。

逆にあまり使わないものは覚えなくてもかまいません。

表 文字入力などで役立つショートカットキー

操作内容	ショートカットキー
単語ごとに選択範囲を広げる（狭める）	Ctrl + Shift + → (Ctrl + Shift + ←)
カーソル位置から行の先頭（末尾）まで選択する	Shift + Home (Shift + End)

表 エクスプローラーの操作で役立つショートカットキー

エクスプローラーを開く	⊞ + E
新規フォルダを作成する	Ctrl + Shift + N
次のフォルダを表示する	Alt + →
前のフォルダを表示する	Alt + ←
ファイルやフォルダを検索する	Ctrl + F
ファイルやフォルダのプロパティを表示する	Alt + Enter

表 ブラウザの操作で役立つショートカットキー

新規ウィンドウを開く	Ctrl + N
新規タブを開く	Ctrl + T
現在のタブを閉じる	Ctrl + W
右（左）のタブに移動する	Ctrl + Tab (Ctrl + Shift + Tab)
直前に閉じたタブを開く	Ctrl + Shift + T
1ページ分、画面が下（上）へスクロールする	space (Shift + space)
ページを1つ戻る（進む）	Alt + ← (Alt + →)
ホームページに移動する	Alt + Home
アドレスバーの文字列を選択する	Alt + D
ページ内を検索する	Ctrl + F

05 | 複数のフォルダとファイルを瞬時に選択する方法

マウスとキーボード両方使って操作する

　複数のファイルを同時に選択するとき、みなさんはどのように操作していますか。マウスのドラッグで選択していますか。それともキーボードでしょうか。マウスとキーボードの2つを組み合わせて利用すると、非常に効率的に選択できます。

　少ないファイルを選択するときはマウスのドラッグでかまわないでしょう。しかし、大量のファイルをすばやく選択したい場合や、飛び飛びのファイルを同時に選択したい場合には、マウスだけに頼ってしまうと余分な手間がかかってしまいます。[Shift]や[Ctrl]を使って効率的に作業していきましょう。

▶連続したファイルを選択する ── [Shift]

　連続した大量のファイルを選択したい場合は[Shift]を使いましょう。

___操作手順___

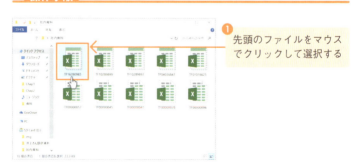

❶ 先頭のファイルをマウスでクリックして選択する

Shiftを押しながら選択したい範囲の最後のファイルをマウスでクリックすると、連続したファイルがすべて選択される

▶飛び飛びのファイルを選択する ── Ctrl

連続していない、飛び飛びに並んだ複数のファイルを選択したい場合は[Ctrl]を使いましょう。

操作手順

Ctrlを押しながら、選択したいファイルをクリックすると選択される。もう一度クリックすると選択が解除される

▶すべてを選択してから一部を取り除く ── Ctrl

たとえば10個あるファイルのうち8個だけ選択したいときは、マウスのドラッグや[Ctrl]+[A]などですべてのファイルを選択してから、取り除きたいファイルを[Ctrl]を押しながらクリックしていくと効率的です。

操作手順

❶ Ctrl + A ですべての ファイルを選択する

❷ Ctrl を押しながらクリックし、不要なファイルの選択を解除する

第 **3** 章

「超」
情報収集術

01 欲しい情報を手に入れる超簡単テクニック7

02 Google検索のサジェスト機能を活用せよ

03 閲覧履歴を確実に消す方法と注意点

04 ブックマークの管理方法

05 ブラウザ起動時に最初に表示するWebサイトを設定すべし

06 Google検索の「お手軽らくちん機能」

07 最強のパスワードの保存と管理方法

01 | 欲しい情報を手に入れる 超簡単テクニック7

欲しい検索結果が得られない時の厳選テクニック集

インターネット検索で求めている情報をいかにすばやく確実に見つけ出すことができるか。すべてのビジネスパーソンに求められるスキルです。検索スキルが、仕事の効率や成果に大きな影響を与えることはいうまでもないでしょう。

筆者は、1年365日、インターネット検索を行わない日はありません。毎日、何かしらインターネットで調べものをしています。

インターネット検索では特に難しいことはしていません。使うのはほぼAND検索のみです。

複数のキーワードを入力して、結果を絞り込み、求めている情報を見つけ出します。たいていの情報はAND検索で見つけられます。その背景には、検索エンジンの目覚ましい進化があります。年々、多くの人が求める結果を高い確率で提示できるようになっているのです。

もしAND検索で求めている情報が得られないようなら、完全一致、OR、NOT検索などを試してみるとよいでしょう。

また、筆者はキーワードを操作する検索以外に、指定期間での検索と画像検索を利用しています。いずれもGoogle検索で利用できる検索方法です。

指定期間での検索は、たとえば1時間以内に作成・更新されたWebページのみを検索結果に出してくれます。ある期間を指定することも可能です。画像検索は、キーワードではなく画像データをもとに検索を行います。検索画像から、それに類似

した画像を検索結果に出します。

それでは、次ページから詳しい内容と操作方法を説明していきます。

▶ AND検索

入力したすべてのキーワードを含むWebページの検索結果が表示されます。

指定方法は「A B C D E」のように、複数のキーワードを**スペースで区切って**入力します。

図 AND検索の例

▶ 完全一致検索

キーワードに完全に一致した単語を含むWebページを検索します。

指定方法は「"ABCDE"」のように、**キーワードを「"（ダブルクォーテーション）」で囲みます。**

図 完全一致検索の例

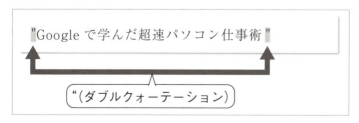

▶NOT（マイナス）検索

指定したキーワードを含まないWebページを検索します。

指定方法は「A -B」のように、除外したいキーワードの先頭に「-（マイナス）」を入力します。

図 NOT（マイナス）検索の例

▶OR検索

入力したキーワードのいずれかを含むWebページの検索結果が表示されます。

指定方法は「A OR B」のように、キーワードとキーワードの間にORを入力します。

図 OR 検索の例

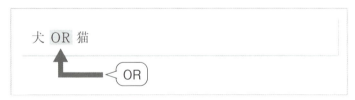

▶あいまい検索

キーワードの一部がわからない場合、その部分に「*（アスタリスク）」を挿入して検索します。

指定方法は「ABCDE*」のように、キーワードの一部を「*（アスタリスク）」に入れ替えて入力します。

図 あいまい検索の例

▶ ［期間］で絞り込む（Google検索）

1時間以内、24時間以内、1週間、1ヵ月、1年以内など、**期間で結果を絞り込めます。**直近の情報だけを絞り込む、指定した期間だけの情報に絞り込むなどの使い方ができます。

操作手順

❶ キーワードで検索したあと［ツール］をクリック。［期間指定なし］をクリックして、期間を設定する

❷ ［期間を指定］をクリックして、より詳細な期間で検索することもできる

COLUMN ページ内を検索する

検索で見つかったページにアクセスしてみたが、探している情報が見つけられない。このような場合は、[Ctrl] + [F] を押して、Webページ内の検索を行ってみるとよいでしょう。

▶ 類似した画像を探す（Google検索）

Googleでは、画像、動画、ニュース、地図など、対象を絞った検索も可能です。その中でも筆者がときどき使うのが「類似画像」の検索です。資料として、企業ロゴやアイコンなどのデザインサンプルの収集などに役立てています。

___操作手順___

❶ Googleの検索ページで［画像］をクリックする

❷ 画像検索ページが表示される。［画像で検索］ボタンをクリックする

❸ 検索元となる画像の URL を入力するか、[参照] ボタンをクリックして検索元の画像を指定する

❹ 自動で検索が始まり、類似する画像やそれに関する情報が表示される

02 | Google検索の サジェスト機能を活用せよ

サジェスト機能でキーワード入力の手間を減らす

　Google検索の検索ボックスに文字を入力すると、その都度、検索キーワードの候補が表示されます。このサジェスト機能を利用すると、キーワードの入力にかかる時間や手間を大幅に減らせます。<mark>検索候補にリストアップされるのは、そのときに頻繁に検索されているキーワードやそれに関連する事柄です。</mark>よって、それらの言葉から<mark>世の中のトレンドや関心事を垣間見る</mark>こともできます。

▶ **予測検索候補からキーワードを選ぶ**

　検索ボックスに文字を入力していくと、その文字を含んだキーワード一覧が表示されます。目的のキーワードが表示されたらクリックして、検索を実行します。

操作手順

❶ Googleのページを開き、検索ボックスにキーワードを入力する

❷ 検索候補一覧に目的のキーワードが表示されたら、カーソルキーを使って選択し、[Enter]を押して検索を実行する

検索履歴の再検索・削除方法

　一度 Google 検索を行った画面で（下図）、検索ボックスを空にした状態にすると、これまでに検索したキーワードの履歴が数件表示されます。

　この履歴を利用して、もう一度検索したいキーワードを選択して再検索が行えます。

　一方で、必要のない、または見られたくない履歴がある場合は、キーワード右端横に表示されている［削除］をクリックすると削除されます。ブラウザの Web ページの表示履歴とは異なるので注意してください。

図 Google 検索の検索キーワード履歴が表示されている

03 | 閲覧履歴を確実に消す方法と注意点

ブラウザのプライバシーモードを利用する

いつ、何のWebページを閲覧したのか、といったWebページの閲覧履歴は簡単にたどることができます。たいていはそのままにしておいて問題はありませんが、他人に知られたくない、足跡を残したくないという場合は、ブラウザの「プライバシーモード」を利用するとよいでしょう。

プライバシーモードでは、通常パソコンに保存される、閲覧履歴、一時ファイル（キャッシュ）、クッキーといった閲覧データがプライバシーモード終了後にすべて削除されます。つまり、プライバシーモードを使用すれば、ブラウザでの行動をほぼ消し去ることができるのです。

▶ パソコンに履歴を残さずに閲覧する

ブラウザの閲覧モードを「プライバシーモード」に切り替えて各種ページにアクセスします。Microsoft Edgeを使用している場合はInPrivateウィンドウ、Google Chromeの場合はシークレットウィンドウでページを開きます。

ただし、会社で管理されているパソコンの設定によっては上記のプライバシーモードに切り替えられない場合があります（メニューに表示されないなど）。

ですがGoogle Chromeの場合は、「ゲストモード」というプライバシーモードに似たモードがあるので、これを利用してもよいでしょう。ゲストモードは「ゲストがChromeを使用する」ためのモードです。そのため、Google Chromeに保存されて

72

いるブックマーク、パスワードや履歴などは利用できません。ですが、ゲストモードを終了させると閲覧履歴やキャッシュ、クッキーがすべて削除されるという動作はシークレットモードと同じです。そのため、<mark>シークレットモードが使えない場合や、他人にパソコンを貸す時、公共のパソコンを使用する時、またはプレゼン中などでブラウザを使用したい時に利用するとよいでしょう。</mark>

使用方法は、Google Chromeの画面右上のユーザーアイコンをクリックし、表示されるメニューの「ゲストウィンドウを開く」を選択するとゲストモードのウィンドウが開きます。終了したい時は、開いているゲストウィンドウをすべて閉じましょう。

操作手順

プライバシーモードの表示

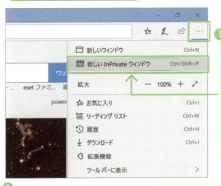

❶ Microsoft Edge の場合、右端のメニューボタンをクリックして［新しい InPrivate ウィンドウ］を選択する（Google Chrome の場合は［シークレットウィンドウを開く］）

❷ InPrivate（シークレット）モードで新しいウィンドウが開く

❸ 以降は、通常モードと同様に操作する。閲覧後、閉じるボタンをクリックしてウィンドウを閉じるのを忘れないこと

ゲストモードの表示（Google Chrome）

❶ 画面右上のユーザーアイコンをクリックする

❷ 表示されるメニューの［ゲストウィンドウを開く］をクリックする

❸ ゲストモードのウィンドウが開く

❹ 以降は、通常モードと同様に操作する。閲覧後、閉じるボタンをクリックしてウィンドウを閉じるのを忘れないこと

▶手動でパソコンの履歴を削除する

うっかり通常のモードでWebにアクセスしてしまったときは、手動で閲覧データを削除しましょう。

操作手順

❶ 右端のメニューボタンをクリックして［履歴］を選択する

❷ Microsoft Edge の場合、［履歴のクリア］をクリックする（Google Chrome の場合は［閲覧履歴データの削除］）

❸ Microsoft Edge の場合、削除したいデータを選び、［クリア］をクリックする（Google Chrome の場合は、［データを削除]）

前ページの[閲覧データの消去]で消去するべきデータは、場合によって異なります。大まかでいいので履歴を消したいという場合は、Edgeなら、❸の選択状態の通りに、Chromeの場合は[基本設定]タブの全項目を消去すればよいでしょう。

ただ、Edgeの「オートフィルデータ」またはChromeの[詳細設定]タブの[自動入力フォームのデータ]を消去すると、ログインIDなどのフォームデータも消去されてしまいます。

Google Chromeなら、個別に消去するのがおすすめです。消去したいWebページの入力フォームをクリックして、消去したいキーワードを選択し、フォームに表示させた状態で[Shift]＋[Delete]を押すと履歴が消去されます。

Microsoft Edgeの場合は個別に消去できませんが、一時的にオートフィルデータを表示させない方法ならあります。まずは右端のメニューボタンをクリックして[設定]を選択します。設定画面が表示されたら[パスワード＆オートフィル]をクリックして、[オートフィル]の[フォームデータの保存]のスイッチをオフにしたら、操作は完了です。この状態だとオートフィルの保存はされませんが、たとえばパソコンを一時的に貸す前にこの操作を行って、自分の手元に戻った時にスイッチをオンにすれば、今まで通りにフォームデータの保存もされますし、これまでに保存したデータも表示されます。

COLUMN

プライバシーモードの落とし穴

プライバシーモードやゲストモードも完璧ではなく、あなたの足跡を完全に消し去るわけではありません。社内のネットワークの管理者やプロバイダにあなたの行動が知られてしまう可能性があります。その点に留意して利用するようにしましょう。

04 ブックマークの管理方法

使用頻度別に見やすく管理する

お気に入り（ブックマーク）は、使用頻度で分けて管理するといまよりもぐっと使いやすくなります。

▶お気に入りバーに登録する

ほぼ毎日訪問するサイトは、「お気に入りバー」に登録しておきます。こうしておけば、いちいち「お気に入りフォルダ」を開くことなく、クリック一発で呼び出すことができ、便利です。頻繁に訪れるサイトだからこそ、すばやくアクセスできるようにしておくのがポイントです。

お気に入りバーは、初期設定ではオフに設定されています。［設定］でオンにしてから、お気に入りバーへの登録を行います。アイコンを見ただけでどのページかわかるようでしたら、サイト名は消してしまってもかまいません。名前を非表示にすれば、その分だけアイコンを並べられます。筆者は、できるだけ多くのアイコンを表示できるようにするため、［アイコンのみ］に設定しています。

図 お気に入りバーの表示はアイコンのみにする

操作手順

Microsoft Edgeの場合

❶ 右上のメニューボタンをクリックし、[設定]を選択する

❷ [お気に入りバーを表示する]のスイッチをクリックしてオンにする

❸ お気に入りバーが表示される

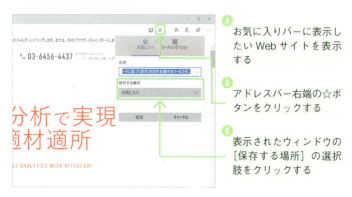

❹ お気に入りバーに表示したいWebサイトを表示する

❺ アドレスバー右端の☆ボタンをクリックする

❻ 表示されたウィンドウの[保存する場所]の選択肢をクリックする

第3章 「超」情報収集術

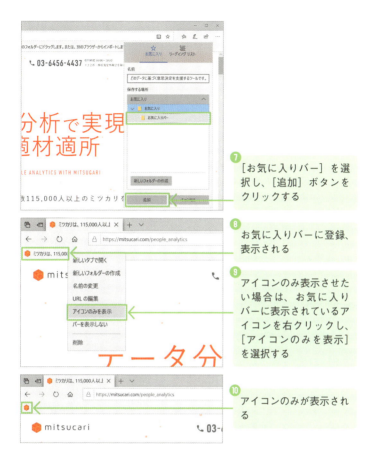

❼ [お気に入りバー] を選択し、[追加] ボタンをクリックする

❽ お気に入りバーに登録、表示される

❾ アイコンのみ表示させたい場合は、お気に入りバーに表示されているアイコンを右クリックし、[アイコンのみを表示] を選択する

❿ アイコンのみが表示される

Google Chromeの場合

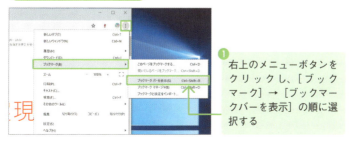

❶ 右上のメニューボタンをクリックし、[ブックマーク] → [ブックマークバーを表示] の順に選択する

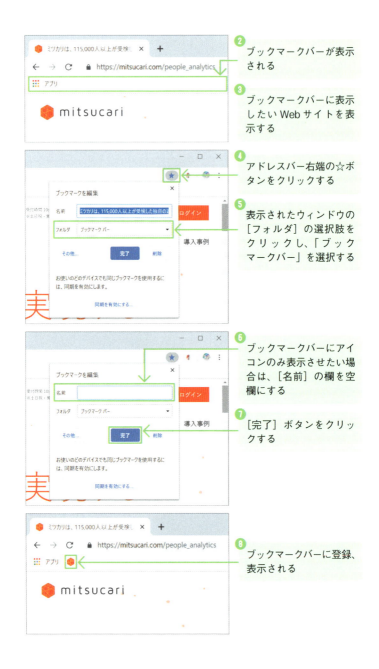

ブックマークバー（Google Chrome）にアイコンだけではなくタイトルも表示させたい場合は［名前］にタイトルを書き加えましょう。お気に入りバー（Microsoft Edge）の場合はアイコンを右クリックして［名前とアイコンを表示］をクリックしてください。

▶ フォルダを作って管理する

　毎日ではないけれど、ときどき訪れるサイトは、専用のフォルダを用意して見つけやすいようにするため管理しましょう。

操作手順

Microsoft Edgeの場合

① お気に入りに設定したいWebページを開き、☆ボタンをクリックする

② ［保存する場所］の選択肢をクリックし、［お気に入り］を選択した状態で［新しいフォルダーの作成］ボタンをクリックする（すでに保存したいフォルダがある場合は、該当のフォルダを選択し、［追加］ボタンをクリックし⑤へ）

③ フォルダが作成される（②で［お気に入り］を選択した状態で作成したので、［お気に入りバー］には表示されない別のフォルダが作成された）

❹ フォルダの名前を入力し、[追加] ボタンをクリックする

❺ お気に入りを表示したい場合は、右上の [お気に入り] アイコンをクリックし、表示される [お気に入り] メニューから該当のリンクをクリックする

Google Chromeの場合

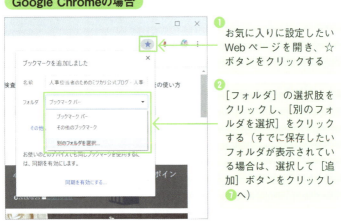

❶ お気に入りに設定したいWebページを開き、☆ボタンをクリックする

❷ [フォルダ] の選択肢をクリックし、[別のフォルダを選択] をクリックする(すでに保存したいフォルダが表示されている場合は、選択して [追加] ボタンをクリックし❼へ)

③ [ブックマークを編集] 画面が表示される。[その他のブックマーク] を選択した状態で [新しいフォルダ] ボタンをクリックする（すでにフォルダがある場合は、該当フォルダを選択し、[保存] ボタンをクリックして⑦へ）

④ フォルダが作成される（③で [その他のブックマーク] を選択した状態で作成したので、[ブックマークバー] には表示されない別のフォルダが作成された）

⑤ フォルダの名前を入力する

❻ [保存] ボタンをクリックする

❼ ブックマークを表示したい場合は、ブックマークバー右端の [その他のブックマーク] をクリックして該当のリンクをクリックする

▶あとで読むページは開いたままにしておく

　いますぐにではないけれど、近日中に確認しなければならないページは開いたままにしておくとよいでしょう。こうしておけば、時間のできたときにすばやくチェックできますし、確認忘れの防止にもなります。

　また、ショートカットを作成して、特定のフォルダに一時保管しておくのもよいでしょう。

05 | ブラウザ起動時に最初に表示するWebサイトを設定すべし

仕事を再開するのに適した設定を行う

みなさんは、ブラウザを起動したときにどのページを開くように設定していますか。初期設定の[スタートページ]のままですか。それとも頻繁に訪れる[特定のページ]が開くように設定していますか。

筆者は[前回開いていたページ]が開くように設定しています。こうしておくと、ブラウザを起動すると同時に仕事を再開できるからです。

ブラウザ起動と同時に業務に必要なページが表示されるよう変更しておきましょう。

▶ 前回開いたページを表示する

初期設定では[スタートページ]が表示されるようになっているので、[前回開いたページ]に変更します。

操作手順

Microsoft Edgeの場合

❶ ブラウザの右端にあるメニューボタンをクリックして[設定]を選択する

[Microsoft Edge の起動時に開くページ] をクリックして [前回開いたページ] を選択する

Google Chromeの場合

ブラウザの右端にあるメニューボタンをクリックして [設定] を選択する

[設定] 画面が表示される

アドレスバーの検索エンジンを変更する

　Microsoft Edgeの場合、標準では、アドレスバーでキーワードを入力した際に使用される検索エンジンはBing検索です。

　このBing検索を別の検索エンジンに置き換えたい場合はないでしょうか。例えば、検索エンジンはGoogle検索を好んで使う人も多いかと思います。このようなときは設定を変更してしまいましょう。

　もちろん、Google ChromeもGoogle検索以外の検索エンジンに変更できます。その方法を次から説明していきます。

操作手順

Microsoft Edgeの場合

① 規定の検索エンジンに設定したい検索エンジンのWebページを開く（ここではGoogle検索）

② ブラウザの右端にあるメニューボタンをクリックして［設定］を選択する

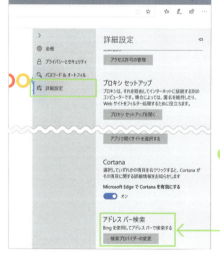

③ ［詳細設定］タブをクリックし、スクロールして［アドレスバー検索］の［検索プロバイダーの変更］ボタンをクリックする

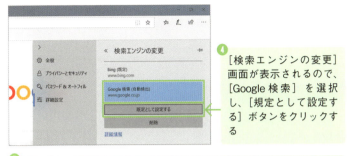

❹ [検索エンジンの変更] 画面が表示されるので、[Google 検索] を選択し、[規定として設定する] ボタンをクリックする

❺ アドレスバーに検索キーワードを入力し、検索を実行する

❻ Google 検索が実行される

> **ヒント**
>
> 新しいタブを表示したり、ブラウザを起動する際に表示される検索窓は、規定の検索エンジンは Bing 以外に変更できません。

Google Chromeの場合

1. ブラウザの右端にあるメニューボタンをクリックして［設定］を選択する
2. ［設定］画面が表示される
3. 下にスクロールし、［検索エンジン］の［検索エンジンの管理］をクリックする

❹ [規定の検索エンジン]から、設定したい検索エンジンの右端のメニューボタンをクリックし、[デフォルトに設定]を選択する

ヒント

上図の[規定の検索エンジン]に、設定したい検索エンジンがない場合は[追加]ボタンをクリックして追加しましょう。

❺ 例えばアドレスバーで検索すると、規定の検索エンジンに設定した検索エンジンで検索結果が表示される

06 | Google検索の「お手軽らくちん機能」

Google検索から直接情報を得られる

世の中に存在するあらゆるものを検索できるようにするのがGoogleの使命です。みなさんが普段利用されている**キーワードを使ったインターネット検索のほかに、Googleにはさまざまな検索機能が用意されています。**それらの中から筆者が「便利」と感じたものをいくつか紹介していきます。

Googleから調べることによって、それらの専用のサイトへアクセスすることなく必要な情報が入手できます。

Google社の「Googleについて」のページには、「Googleの使命は、世界中の情報を整理し、世界中の人々がアクセスできて使えるようにすること」と記されています。

▶郵便番号

住所から郵便番号を調べられます。

「郵便番号を調べたい住所　郵便番号」と入力して検索する

▶天気

住所や地名から天気予報を調べられます。

「天気を調べたい場所 天気」と入力して検索する

▶ルート検索／フライトスケジュール

鉄道の乗換案内や航空機のフライトスケジュールが調べられます。

「場所Aから場所B」と入力して検索する。フライトスケジュールは「便名」を入力して検索する

▶宅配便などの追跡

ヤマト運輸、佐川急便、日本郵便などの荷物の追跡調査ができます。

調べたい荷物の問い合わせ番号を入力して検索する

▶ 計算機

基本的な四則演算のほか、三角関数や指数なども可能です。

計算式を入力して検索する

▶ 単位換算

長さ、重量、面積などの単位換算ができます。通貨の換算は、調べたい通貨で検索し、専用のパネルで換算します。

「単位換算」で検索して、専用のパネルで単位換算をする

　以上の便利機能のほかに、従来からある辞書機能も便利です。国語辞典として調べたければ、「意味」というキーワードの後にスペースを入れて、意味を調べたい単語を入力して検索ボタンをクリックすると、すぐに結果が表示されます。英和、和英辞典であれば「英和」「和英」で調べられます。

07 | 最強のパスワードの保存と管理方法

パスワードは自動生成機能をフル活用する

パスワードの漏洩を防ぐ対策としてよく上げられるのが以下です。

①同じパスワードを使い回さない
②最低でも8文字以上のものにする
③記号や英数字(大文字小文字)を入れる

確かにその通りなのですが、現実問題、長くて複雑なパスワードをサイトごとに使い分けるのはたいへんなことです。また、それらをひとつひとつ覚えておくのは困難でしょう。

そこでどうするか?

筆者は、優先度によってパスワードを使い分けています。絶対に漏れてはいけないものと、万が一、漏洩したとしても大きな被害を受けることがないもののふたつです。

前者は、サイトごとに強固なパスワードを使用しています。一方、後者は基本的に同じパスワードを使いまわしています。

▶強固なパスワードを生成・保存する(Google Chrome)

筆者は、絶対に漏れてはいけない重要度の高いパスワードは、GoogleアカウントとGoogle Chromeの組み合わせで生成し、管理しています。なお、本サービスの使用には、Googleアカウントの登録とブラウザGoogle Chromeが必要になります。

操作手順

❶ Google Chrome を起動し、右上のプロフィールアイコンをクリックする。次に表示される画面で［同期を有効にする］をクリックする

❷ ［Chromeへのログイン］画面でメールアドレスやパスワードを入力してログインする

❸ ［Chromeの同期］を［有効にする］をクリックする。これで同期の設定完了。同期するデータの種類は［同期の管理］で変更可能。「パスワード」のほかに「ブックマーク」や「履歴」「アプリ」などが選択できる

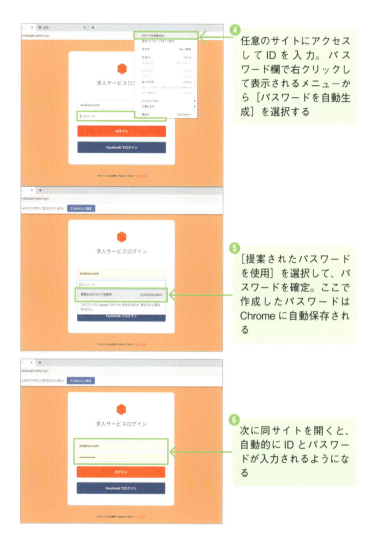

❹ 任意のサイトにアクセスしてIDを入力。パスワード欄で右クリックして表示されるメニューから［パスワードを自動生成］を選択する

❺ ［提案されたパスワードを使用］を選択して、パスワードを確定。ここで作成したパスワードはChromeに自動保存される

❻ 次に同サイトを開くと、自動的にIDとパスワードが入力されるようになる

▶パスワードを保存する（Microsoft Edge）

　GoogleアカウントやGoogle Chromeを使用する環境がない場合は、Microsoft Edgeのパスワード管理機能を利用するとよいでしょう。IDとパスワードをセットでブラウザに保存し

ておくことができるので、いちいちパスワードを入力する必要はありません。

___操作手順___

❶ ログインが必要なページにアクセスし、IDとパスワードを入力。ログインを実行すると、[パスワードを保存して次回このサイトで入力することを〜]と表示されるので、[保存]をクリックしてパスワードを保存する

❷ パスワードを保存してあるサイトにアクセスし、IDを選択すると、自動でパスワードが入力される

▸ **パスワードを編集・管理する**

　ブラウザに保存したパスワードは、あとから内容を編集したり、削除したりできます。

操作手順

❶ ブラウザのメニューから[設定]→[パスワード&オートフィル]→[パスワードの管理]の順にクリックする

❷ [保存されたパスワード]の一覧が表示されるので目的のサイトをクリックする

❸ 内容を変更する。削除したい場合は、❷でサイト名の右側に表示される×印をクリックする

　上図はEdgeの画面で説明していますが、Chromeの場合もほぼ同じです。

　[設定]画面を表示して[パスワード]をクリックすると、パスワードが管理されている[パスワード]画面が表示されます。ここで削除や編集などを行うことが可能です。

2段階認証でさらに安全性を高める

　Googleアカウントをはじめ、安全性が求められるサイトでは「2段階認証」を採用しているところが増え始めています。2段階認証では、その名の通りに、通常のIDとパスワードによるログイン手続きに加えて、さらなる認証手続きが必要になります。たとえばGoogleアカウントの場合は、以下のように2段階の認証手続きを経てはじめてログインが可能になります。

　①通常のIDとパスワードを入力
　②Googleから本人のスマホにコードが配信される
　③配信されてきたコードをGoogleアカウントのログイン画面に入力

図 **2段階認証の手続きの画面一例**

第 **4** 章

すぐに使えて、一生役立つ仕事術

01 3秒で目的のファイルを開く方法

02 もう失敗しない！必要な部分を必要なだけ印刷する方法

03 画像加工ソフト不要の画像編集方法

01 | 3秒で目的のファイルを開く方法

ファイル管理は「検索」を前提におこなう

目的のファイルがなかなか見つからず、気づいたら何分間もかかっていた、ということはないでしょうか。

よく使うファイルについては、1章で説明した「ピン留め」で解決できますが、まだ頻繁に使うかわからないファイルや、突然必要になったファイルなどを逐一ピン留めしているとピン留めリストがあふれてしまいますね。

このような「目的のファイルが見つからない」ケースを避けるために、真っ先に行える対策は「フォルダ分け」と思われるのが一般的でしょう。もちろん、フォルダ分けすることである程度の効果は見込めます。

ただ、管理しなければならないファイルが増えるほど、フォルダは増えます。そのような状況になると、今度は目的のファイルを見つけるためにその管理先のフォルダを見つける時間がかかってくるようになります。

そこで著者は「検索」を活用します。もちろん、フォルダ分けも最小限していますが、さらに検索を活用することで、ファイルを見つけるという、ともすれば無駄な作業を限りなく短縮させられるのです。

では実際に、どのように検索をおこなえば無駄な時間を短縮できるのか説明していきます。

▶「ドキュメント」フォルダで管理する

検索で管理する前提条件の1つとして、ファイルを一箇所に

まとめておきましょう。筆者は、すべてのファイルをクラウドで管理していますが(GoogleドキュメントとGoogleドライブ。詳細はp.232参照)、セキュリティ保守や、会社の規定などでクラウドが使えない場合も多いでしょう。

ですので、文書ファイルの保存先として用意されている「ドキュメント」フォルダを利用しましょう。**文書ファイルはすべて「ドキュメント」フォルダに保存し、検索で目的のファイルを見つけ出すようにします。**

もちろん、Cドライブなどの直下に新しいフォルダを作成して分類してもかまいません。「フォルダ分け」については自分の管理しやすいよう調整してください。

操作手順

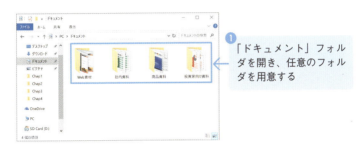

❶「ドキュメント」フォルダを開き、任意のフォルダを用意する

▶ **検索で見つけやすい名前にする**

前提条件の2つ目は、検索で見つけ出すことを前提とした、より詳細な名前にすることです。

たとえば、株式会社○×社の投資契約書があったとしましょう。この場合、単に「投資契約書」とはせずに、「株式会社○×社様投資契約書」とします。たとえ「株式会社○×社様の契約書類一式」というフォルダでファイルを管理しているのであっても、あえて会社名は省略しません。

階層を分けてあるからと、会社名などを省いてしまうと、検索をかけたときに複数の「投資契約書」が見つかり、どこの会社の契約書かすぐにわかりません。こうしてしまうと、ひとつひとつ開いて確認しなければならず、無駄に時間がかかります。

　ファイル名が多少長く冗長になってもかまいません。むしろ検索で管理する場合は、多少冗長な方がよいぐらいです。

　ベストは、ファイル名だけでそのファイルの中身や正体がわかるようにすることです。開いてみなければわからないならば、情報が足りていないということです。

　下図に具体的な命名例を掲載しているので、参考にしてください。

図 付けるべきファイル名のイメージ

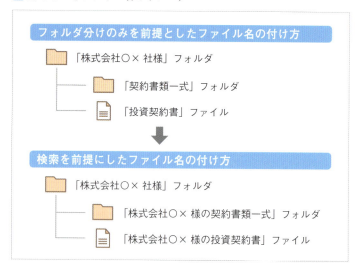

▶ ファイル名に日付を入れる

<mark>時系列に沿って作成するファイルには、必ず日付を入れるようにします。</mark>「ファイルの名前 + _ (アンダーバー) + yyyymmdd (日付)」など、一定のルールを決めておくとよいでしょう。ソートもかけやすくなります。

図 ファイル名に日付を入れる例

「株式会社〇× 様の投資契約書 20190719」ファイル

▶ 目的のファイルを見つけ出す

事前に検索しやすいようファイルを整理しているので、検索方法は簡単です。エクスプローラーでファイルの検索を行いましょう。

操作手順

❶ エクスプローラーで「ドキュメント」フォルダを開き、画面右上の検索ボックスにキーワードを入力する

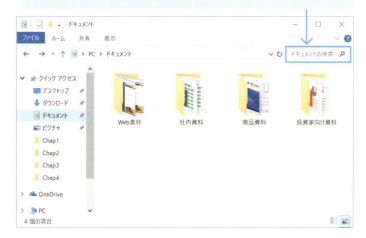

❷ 文字を入力していくとその都度、該当のファイルがウィンドウに表示される

検索結果が絞れなかった場合

前の手順で検索をしても、<mark>複数の検索結果が出てしまった場合はプレビューウィンドウを利用しましょう</mark>。ファイルの種類によってはプレビューが表示されない可能性もありますが、WordやExcelなど基本的なファイルならほぼ表示されます。

操作手順

エクスプローラーの［表示］タブの［プレビューウィンドウ］をクリックし、ファイルの内容を見たいファイルをクリックするとプレビューが表示される

検索を「超速化」するインデックスの付与

検索を軸にファイル管理をするなら、大前提として検索速度が速くなければなりません。

つまり、普段使用しているファイルを管理している、フォルダ内での検索を高速化しなければなりません。高速化はフォルダにインデックスを作成することで実現できます。インデックスとは「索引」と考えてください。

ただ、今回は「ドキュメント」でファイルを管理しており、この「ドキュメント」にはすでにインデックスが作成されています。そのため、以降の手順は基本的に不要なのですが、もしも「ドキュメント」以外でファイルを管理したい、している場合は、以降の手順を基にインデックスを作成しましょう。

操作手順

❶ コントロールパネルを表示する

❷ 画面右上の「表示方法」をクリックし、[大きいアイコン]または[小さいアイコン]を選択する

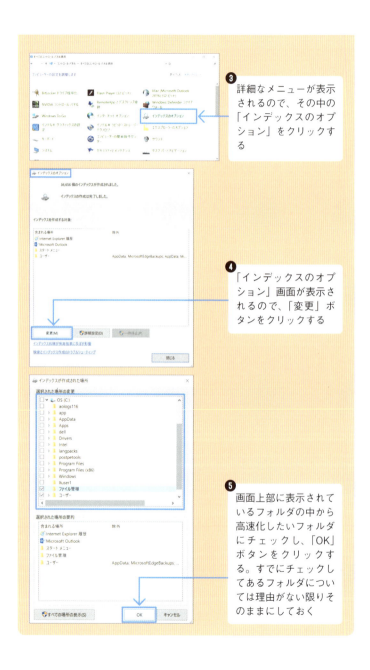

02 もう失敗しない！必要な部分を必要なだけ印刷する方法

EdgeでもChromeでも可能な抽出印刷

Webページを印刷したとき、ヘッダーやフッターに不要な文字が入ったり、Webページに入っている広告が入ったりするなど、無駄な情報まで印刷されてしまうことがありませんか？

このような場合は、**必要な部分だけを抽出して印刷してしまいましょう。**無駄な部分を排除することで、見やすく、なおかつ印刷コストの削減にもつながります。

操作手順

Microsoft Edgeの場合

❶ 印刷したいページを開き、[メモを追加する] をクリックする

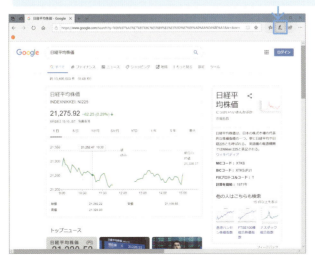

❷ [クリップ] をクリックすると、範囲選択ができるようになる

❸ 印刷したい範囲をマウスのドラッグで指定する。すると自動的に指定した範囲がコピーされる

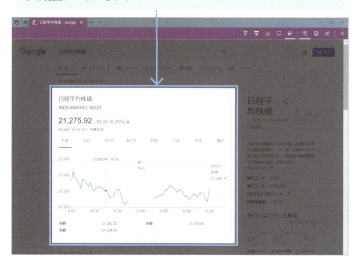

④ [Webノートを共有] をクリックし、[切り取り&スケッチ] を選択する

⑤ [切り取り&スケッチ] アプリが表示される。右上のメニューをクリックし、[印刷] から印刷を行う

操作手順

Google Chromeの場合

① 印刷したい箇所を選択し、右クリックする。表示されるメニューの [印刷] をクリックすると印刷画面が表示される(この際、p.114のように「背景グラフィック」をオンにすると再現度の高い印刷が可能)

印刷をA4の紙1枚にまとめる方法

書類は、できればA4の紙1枚にまとめておきたいものです。扱いやすく携帯もしやすくなります。

標準設定のままでA4用紙1枚にうまく収まればよいのですが、ときどきほんの少しだけ次のページにこぼれてしまうことはありませんか？　そのようなときは、次に紹介する方法でうまく1枚に収められるかもしれません。

まず試してほしいのが、ページの余白の設定です。上下左右をすべて「0」に設定してみてください。

余白の調整だけでは足りない場合はページ全体を縮小して印刷するとよいでしょう。それでも難しいときは、両面印刷をするか、1枚の紙に複数ページの印刷ができる割付印刷を利用するとよいでしょう。

操作手順

❶ ページの余白（マージン）を減らす

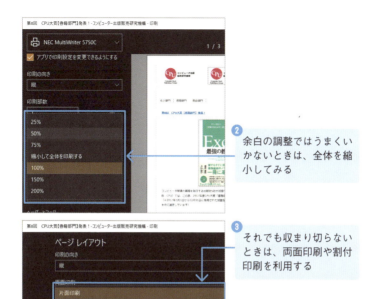

② 余白の調整ではうまくいかないときは、全体を縮小してみる

③ それでも収まり切らないときは、両面印刷や割付印刷を利用する

> **ヒント**
>
> 印刷に関する設定は、ご使用のプリンタによって異なります。詳しくは、各製品の取扱説明書でご確認ください。

COLUMN
背景グラフィックは残しておく

　[背景グラフィック]を残しておくことで、背景なしで印刷したものよりも読みやすくなることがあります。
　Google Chrome または Internet Explorer で利用できます。次ページにそれぞれの設定方法について解説しています。

第4章　すぐに使えて、一生役立つ仕事術

113

操作手順

Internet Explorerの場合

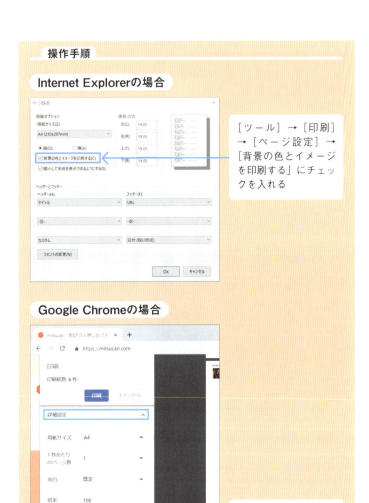

[ツール] → [印刷] → [ページ設定] → [背景の色とイメージを印刷する] にチェックを入れる

Google Chromeの場合

[印刷] → [詳細設定] とクリックし、[背景のグラフィック] にチェックを入れる

03 画像加工ソフト不要の画像編集方法

Windows10標準搭載の「フォト」を活用する

プレゼンテーション用の写真、顧客向け資料のひな形に載せる写真など、画像を扱うシーンも多いのではないでしょうか。

こうした場面で筆者がよく用いるのが、**Windows10標準の画像処理アプリ「フォト」です。フォトでは、写真のトリミングや、明るさ、色調補正といった簡単な画像処理ができます。**

もちろんAdobe社のPhotoshopなどの専用アプリに比べてできることは限られますが、**簡単な資料であれば十分ですし、起動時間も最小限です。**

▶フォトで画像処理を行う

フォトでは、画像のトリミングや回転、明るさやコントラスト、色味の調整のほか、文字の入力機能などが可能です。

操作手順

編集画面を開く

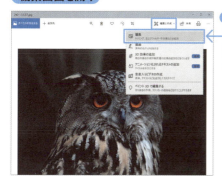

① フォトで画像を開き、[編集と作成] → [編集] の順にクリックする

フォトで画像の回転やトリミングをおこなう

① [回転] をクリックすると、画像の向きを回転させられる

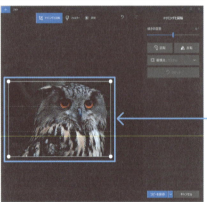

② 画像の白い囲み枠を動かすとトリミングがおこなえる

③ [コピーを保存] 右横の [∨] をクリックし、[保存] ボタンをクリックすると編集内容が保存される

フォトで自動補正をおこなう

❶ [フィルター]の[写真の補正]に表示されているサムネイルをクリックすると自動補正される。狙いどおりに調整されていない場合は、バーをドラッグして再調整する

❷ [フィルターの選択]ではさまざまな補正がワンクリックで行える

フォトで画像の明るさや色味の調整をおこなう

手動調整したい場合は[調整]で、[ライト](明るさ)、[色]、[明瞭度](コントラスト)などの調整ができる

スクリーンショットを手軽におこなう

　Windows10にはキャプチャ専用ソフト「Snipping Tools」が標準搭載されています。デスクトップ全体のスクリーンショットはもちろん、ウィンドウや任意の範囲を指定して画面キャプチャが行えます。タイマー撮影も可能です。

図 Snipping Tools のウィンドウ

COLUMN
Windows10以前なら「ペイント」でキャプチャする

　もしも Windows10以前のバージョンをご使用の場合は、「ペイント」でスクリーンショットを編集するとよいでしょう。

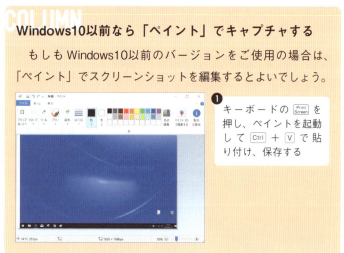

❶ キーボードの [Print Screen] を押し、ペイントを起動して [Ctrl] ＋ [V] で貼り付け、保存する

第 **5** 章

「伝わる資料」の作り方

01 伝わる資料を作るには「誰に」「何を」伝えるかを
とことん考える

02 分かりやすい資料を作る７つの最強テクニック

03 文字の装飾は３種類を適切に使いこなす

04 分かりやすさをアップさせるための仕上げ

01 | 伝わる資料を作るには「誰に」「何を」伝えるかをとことん考える

「伝わる」資料を作る心構え

社内外向けの文書やプレゼン資料でもっとも大事なこと、それは「伝えたいことがしっかりと伝わる」ことです。

デザインや見栄えも気になりますが、それらは伝えるためのひとつの手段に過ぎません。たとえシンプルなデザインであっても、相手が求めている情報を的確に提供できれば、資料としての役割は十分に果たしています。

仕事で作成する資料においては、何よりも「伝わる」ことが優先されます。

では「伝わる」資料はどのようにすれば作れるのでしょうか。

それは実際の資料作りに入る前に「誰」に「何」を伝えたいかをとことん考えることです。

まず、伝える相手は「誰か」、社内か社外か、既存のお客さんか新規のお客さんか、あるいは何かを学びに来た講習生の方か……。次にその人たちに何を一番伝えたいか、どう感じてほしいのか、次にどのようなアクションをしてもらいたいのか……。

伝えたいターゲットと伝えたいテーマが明確になったら、その「伝えたい」ことに合わせた文章やデータを用意し、できるだけシンプルな形で、余分な要素はすべて削ぎ落とした形でまとめていきます。

▶ 社内向けの資料

社内で共有する資料は、重要なポイントだけを記した文字

ベースのもので十分です。装飾も特に必要ありません。

　伝えたい情報だけを伝えられればよいので、要点だけをシンプルにまとめます。冗長だとかえって理解しにくく、退屈なものになってしまいます。見せ方やまとめ方については、p.125から詳しくご説明します。

図 社内向けの資料

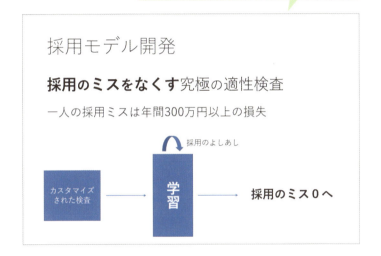

▶ 勉強会や講習会向けの資料

　勉強会や講習会向けの資料は、「知りたい」「学びたい」人に対しての資料です。より密な情報を求めているので、通常の資料よりも文章が多めになってもかまわないと筆者は思っています。

図 勉強会や講習会の資料

> 勉強会や講習会の資料は、多少文字が多くなってもよい

機械学習って何？

どうプログラム（計算）として記述したらいいか分からないものを、大量のデータによって機械に学習させることによって、直接明示的なプログラムを書くことなく、コンピューターに所望の動作をさせること。

1. 何かコンピューターにさせたいこと（解決したい問題）があって

2. それを学習するに必要なデータが豊富に入手可能である

ことが原則、機械学習をする上で必要になります。

▶ビジネス提案文書

新規のお客様や投資家向けの資料がこれにあたります。これらの資料には、「弊社の強みは何か」「弊社と関係性を持つことでどのようなメリットが得られるのか」「どのようなリターンがあるのか」といった自社と付き合うことのメリットを強く打ち出し、しっかりと伝えていく必要があります。前述の資料との大きな違いはここです。

またデザインに関しても、できるだけお客様の好みに合わせるようにします。たとえば投資家の方は、洗練されたデザインを好まれる傾向があるので、素案だけ筆者が作り、それをベースにプロのデザイナーに作り込んでもらう形を取ります。

図 ビジネス提案文書の一例

> 筆者が作成した素案では、デザイン的な要素は排除し、
> 必要不可欠な情報をシンプルにまとめている

ミライセルフが運営しているサービス

mitsucari適性検査
応募者と**自社の社風**との**ミスマッチ**が分かる**初の適性検査**

mitsucari求人サービス
求職者に**マッチした社風の会社**を推薦する**初の求人サービス**

> 筆者の素案をベースにプロのデザイナーが仕上げた例。
> ターゲットによってはこうした配慮も必要になる

ミライセルフが運営しているサービス

mitsucari
適性検査

応募者と**自社の社風**との**ミスマッチ**が
分かる**初の適性検査**

mitsucari

求職者に**マッチした社風の会社**を
推薦する**初の求人サービス**

未来共創イノベーションネットワーク（INCF）2018年度中間報告会　初出
※ロゴマークおよび内容は2018年10月当時のものです。

インパクトのあることに時間と労力を使う

筆者は、Google でプログラマーをしていた時代を含めて、これまでに数々の資料を作成してきましたが、デザインや装飾に大きく時間を割くことはほとんどありませんでした。

それには Google の社風が強く影響しています。Google では「意味のあること、インパクトのあることに、時間と労力（資源）を積極的に使っていく」という風潮があります。

これを私なりに資料作りに当てはめてみると、「社内外用のプレゼン資料を作り込むことは、会社の売り上げにつながることではない。Google の社員として、そのようなことに時間を使うべきではない。会社はそのために給料を払っているわけではない」という結論になると考えています。

社内向けの資料のデザインに大きく時間を割いたとしても、「いいね」と評価してくれる人はいません。誰もが、資料の内容で良否を判断するからです。だとしたら、評価されない部分に時間と労力を使うのはムダです。

一方でデザインや装飾を評価してくださる方もいらっしゃいます。たとえば投資家がそうです。このようなケースでは、デザインに時間を費やすこともインパクトのあることになります。

あなたがこれから作ろうとしている資料はどちらですか？

社内やすでに関係のある方たちと情報を共有するためのものですか？　であれば、伝えるべき部分をシンプルにまとめておけば大丈夫です。デザインや装飾は、体裁を整えるためではなく、理解を深めるためのひとつの手段と考え、それ以外の目的での使用はバッサリと切り捨ててしまってかまいません。

02 | 分かりやすい資料を作る 7つの最強テクニック

誰にでも作れる「伝わる」資料の作り方

「誰」に「何」を伝えたいかが固まったところで実際の作業に入っていきます。

わかりやすい、理解しやすい資料に仕上げるには、7つのポイントがあります。

- 文章は1行で、簡潔にまとめる
- 技術的なプレゼン資料は長文もOK
- 短い文章はゴシック系、長い文章は明朝系フォントを使う
- 重要な部分を太字、またはサイズを大きくする
- 色使いは控えめにする
- 規則正しく配置する
- 視聴者の立場になって再チェックをする

これらのポイントを押さえておけば、伝わる資料が作れます。

それ以外の装飾やデザインについては、各自の好みや対象者に合わせて加味していくとよいでしょう。

それでは、次ページからこれら7つのポイントについて詳しく説明していきます。

1. 文章は1行で、簡潔にまとめる

　文章は1行でまとめ、長文は避けましょう。一目でパッと目に入り、理解できるのが理想です。そのためには必要のない要素を極限まで削ぎ落としていくことです。特にキャッチーな言葉を使う必要はありません。誰もがわかりやすい、平易な言葉で大丈夫です。

　また、複数行に渡ってしまうと読みにくくなります。どうしても複数行になってしまう場合は、区切りのよい部分で改行すると見やすくなります。

　短い文章では説明しきれていない部分については、プレゼンテーション時に口頭で補足していくとよいでしょう。

🟪 **図 文書を簡潔にまとめた例**

複数行になってしまったら区切りを考えて改行する

> ## AI人事
>
> AI人事＝データドリブンで属人性の少ない人事
>
> 人事課題は、もとより**抽象的**で**数値化がしづらい**課題が多い
> => どうしても**属人的**になりがち
>
> 我々はまず、
> **採用モデル開発**
> **配属モデル開発**
> に注力

2. 技術的なプレゼン資料は長文もOK

「文章はできるだけ短く一言でまとめる」が伝わる資料の鉄則ですが、もちろん例外もあります。たとえば、技術的な資料がそうです。**技術的な資料では、読みやすさと同時に正確さが求められます。短い文章にまとめるために、必要な情報を省略してしまっては、誤解を招いたり、逆に理解しづらくなってしまったりすることがあります。**

また勉強会や講習会といった、何かを学びに来た聴衆向けの資料では、ある程度、長い文章になっても問題ないでしょう。それは「勉強をしにきた」という強い意識を持った人がほとんどだからです。

図 **エンジニアを対象にした「機械学習入門」のプレゼン資料**

技術的な資料の場合は多少長い文書でもかまわない

パラメトリック推定

教師あり学習は教師データと与えられた入力と出力の関係を見つけ（未知の入力に対して出力の予想を与え）るものです

↓

y=f(x)となるfを見つけること

↓

パラメータθを持つ何らかの特定の関数群（集合）f(x, θ)の中で

y=f(x, θ)と最も近似できるようなθを推定する

3. 短い文章はゴシック系、長い文章は明朝系フォントを使う

フォントを変えることによって読みやすさや見た目の印象が違ってきます。これといった正解はありませんが、**一般に短めの文章はゴシック系、長い文章は明朝系がよいとされています。**

好みの部分もありますので、まずは基本に則って作成し、最後に「**読みにくくなっていないか。いまのフォントで伝えたいことがきちんと相手に伝わるか**」を見る側の立場で**チェック**してみるとよいでしょう。

図 短い文章はゴシック、長い文章は明朝系のフォントを使用すると読みやすい

AI人事

AI人事＝データドリブンで属人性の少ない人事

人事課題は、もとより**抽象的**で**数値化がしづらい**課題が多い
=> どうしても**属人的**になりがち

我々はまず、
採用モデル開発
配属モデル開発
に注力

パラメトリック推定

教師あり学習は教師データと与えられた入力と出力の関係を見つけ（未知の入力に対して出力の予想を与え）るものです

↓

y=f(x)となるfを見つけること

↓

パラメータθを持つ何らかの特定の関数群（集合）f(x, θ)の中で

y=f(x, θ)と最も近似できるようなθを推定する

4. 重要な部分を太字、またはサイズを大きくする

短い文章の中にさらに目を引く部分を作ります。キーワードとなる重要な部分を太字にしたり、文字の大きさを2ポイント程度上げたりして目を引きましょう。

逆にそれに続く、助詞などはポイントを少しだけ下げます。これによって文字の見え方に強弱が生まれ、重要な部分が自然と目に飛び込んでくるようになります。

一部の文字の色を変えてそこだけ目立たせる方法もありますが、筆者はあまり使いません。色数が増えてかえって読みにくくなってしまうからです。

図 重要な部分を強調させた例

文字に強弱をつけて目立たせる

ミライセルフが運営しているサービス

mitsucari適性検査
　応募者と自社の社風とのミスマッチが分かる初の適性検査

mitsucari求人サービス
　求職者にマッチした社風の会社を推薦する初の求人サービス

5. 色使いは控えめにする

配色における「70：25：5」の法則をご存知ですか？ ベースとなる色、ベースを引き立てる色、そしてアクセントとなる色を「70対25対5」の割合に調整すると、バランスのよい配色になるという法則です。

正直に申しますと、筆者には配色のセンスがありません。ですから、デザインの基本に従って資料を作るようにしています。

この法則をプレゼンテーションの資料に当てはめてみると、ベースカラーが背景（白地など）、サブカラーが文字の色（黒など）、アクセントカラーが強調したい部分や図やイラストなどということになります。

「70：25：5」の法則から考えても、むやみに色分けしすぎると、かえって読みにくくなることがわかります。

図 **色使いを控えめにした例**

文字に色を付けるときは、配色に十分に気をつける

アイデアを売り込もう

ベストセラー『Made To Stick』の著者、Chip Heath と Dan Heath との協力のもとに作成されたこのテンプレートでは、新しい製品やサービス、アイデアについての記憶に残るプレゼンテーションを作成、発表する方法を紹介します。

図 色分けしすぎている例

これは極端な例だが、一度にたくさんの色を使ってしまうと読みにくい

アイデアを売り込もう

ベストセラー『Made To Stick』の著者、Chip Heath と Dan Heath との協力のもとに作成されたこのテンプレートでは、新しい記憶に残るプレゼンテーション製品やサービス、アイデアについてのを作成、発表する方法を紹介します。

6. 規則正しく配置する

文字や図など、盛り込む要素を無秩序に配置してしまうと読みにくくなってしまいます。

要素ごとに規則正しく配置するようにしましょう。

たとえば、文字は中央揃え（あるいは左揃え）にする、箇条書きは頭を1文字下げる、並列している情報は縦横のサイズを統一し、横一列に配置する、などします。

それぞれの要素を規則正しく配置することで全体に統一感が生まれます。

図 規則正しく配置した例

> 素材ごとに規則性をもたせて配置していくと統一感が生まれる

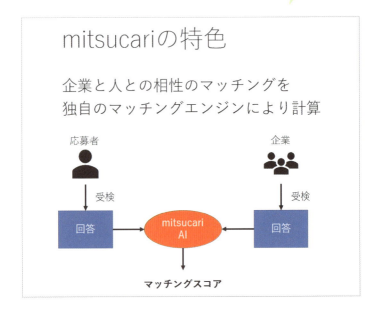

7. 視聴者の立場になって最終チェックをする

　一通り仕上がったら最終チェックをしましょう。狙い通りにわかりやすい資料に仕上がっているかどうかは、自分が視聴者の一人になって見ると判断しやすいでしょう。

　==視聴者の立場になることで、どこがわかりにくいか、またどこをどのようにすればさらにわかりやすくなるか、見る人の理解が深まるかなどの改善点が見えてくるはずです。==

　もし自分では判断が付かないようでしたら、上司や同僚に意見を聞いてるのもよいでしょう。

03 | 文字の装飾は３種類を 適切に使いこなす

装飾をする理由とその種類

ある部分だけを目立たせたいときは、その部分の文字を装飾します。

装飾の方法は３種類あります。文字のサイズを大きくする、太字にする、色を付ける、です。

そのほかに文字に下線を付けたり、文字を斜体にする方法もありますが、どちらの場合も目立ちはするのですが、同時に読みにくくなってしまうため、筆者はあまり使いません。ほとんどの場合、上記の３種の方法で事足りるからです。

ですが、本書では参考のためそれらの操作方法も紹介しています。

なお、下線や斜体は、一般に長い文章のある部分を強調したいときに用いると効果があるとされています。文字のサイズを変えたり、太字にしたり、文字色を変えるだけでは足りないときなどに試してみるとよいでしょう。

まとめると、文字の装飾の適切な使い方の４つのポイントは以下になります。

- ・サイズを大きくする
- ・太字にする
- ・色を付ける
- ・その他、必要に応じて下線、斜体を付ける

第5章 「伝わる資料」の作り方

133

▶ 文字の大きさに強弱を付ける

操作手順

❶ 大きさを変えたい文字列を選択する

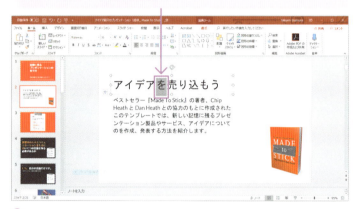

❷ ［ホーム］タブの［フォントサイズ］で文字の大きさを選択する

▶ **文字を太字にする**

操作手順

❶ 太字にしたい文字列を選択する

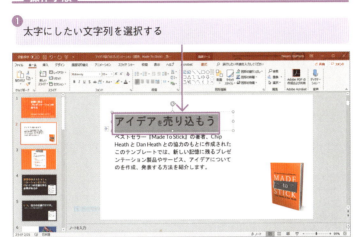

❷ ［ホーム］タブの［太字］ボタンをクリックする（または Ctrl ＋ B を押す）

▶ 文字に色を付ける

操作手順

❶ 色を変えたい（付けたい）文字列を選択する

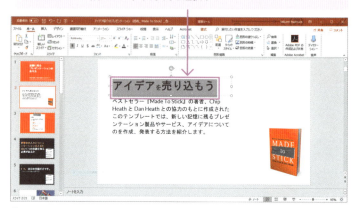

❷ [ホーム] タブの [文字色] ボタンをクリックし、変えたい色をクリックする

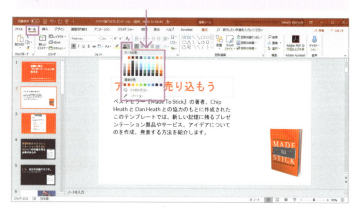

▶ 文字に下線を付ける

操作手順

❶ 下線を付けたい文字列を選択する

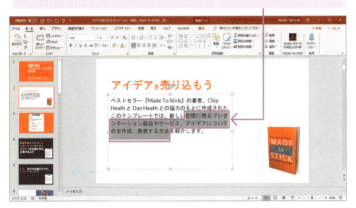

❷ [ホーム] タブの [下線] ボタンをクリックする（または Ctrl + U を押す）

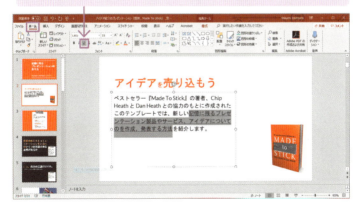

▶ 文字を斜体にする

操作手順

❶ 斜体にしたい文字列を選択する

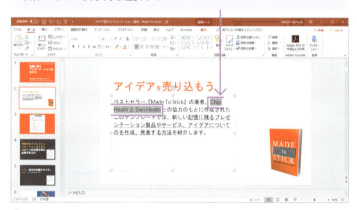

❷ [ホーム] タブの [斜体] ボタンをクリックする(または Ctrl + I を押す)

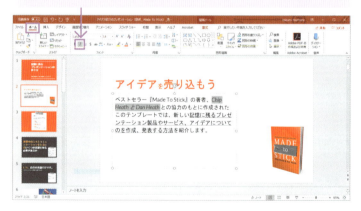

04 | 分かりやすさを アップさせるための仕上げ

規則性をもたせ余白を生むことで、さらに「伝わる」

文字や図をきれいに見せるポイントは2つあります。**規則正しく整列させることと、十分な余白を作ることです。**

バラバラと無秩序に配置されたデータは、見栄えが悪いだけではなく、読みにくいものです。また、スペースいっぱいに文章や図が配置されていると、見る人はどこに注目すればよいのかがすぐに判断できません。そのためにわかりにくさを感じます。こうした、**見る人のストレスとなる無秩序な配置は、イコール「伝わりにくい資料」と思ってください。**

必要のない情報はできるだけ排除し、不可欠なデータだけを規則性を持って配置する。そのことによってわかりやすい、伝わりやすい資料に仕上げることができます。

COLUMN

余白を作るときの注意点

ページが文字や図版でいっぱいにならないよう、ある程度の余白ができるようにするために、以下の点に気をつけるとよいでしょう。

- ・無理に余白を埋めようとしない
- ・必ずしも必要ではない要素は追加しない
- ・無理に図版や写真を大きくしない

▶**スマートガイドを参考に配置する**

　規則正しく要素を配置するためには「スマートガイド」を利用するとよいでしょう。スマートガイドはPowerPointで利用できます。直感的な使い方なので利用しやすいです。

操作手順

❶ オブジェクト（図形）をドラッグして移動する

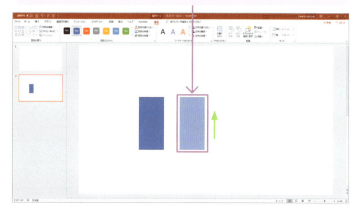

❷ ［スマートガイド］が表示される。このガイドを参考に移動すると揃えて配置できる

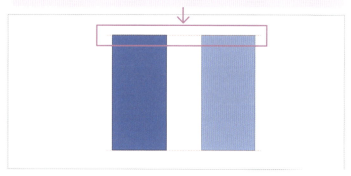

❸ Ctrl + Shift を押しながらドラッグすると中心軸をずらさず複製できる

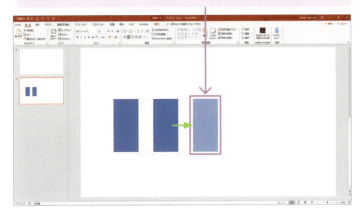

▶ オブジェクトの配置を使う

　［スマートガイド］だけでは処理し切れない場合は、オブジェクトの［配置］を使って整列させます。図形だけではなく、文字も同様に整列させられます。

操作手順

❶ 整列させたいオブジェクトを囲むようにドラッグして選択

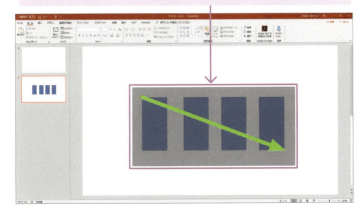

❷ [ホーム]の[配置]をクリックして、[オブジェクトの位置]→[配置](あるいは[書式]の[配置])から整列方法を選択する。ここでは[上揃え]を適用して整列させた

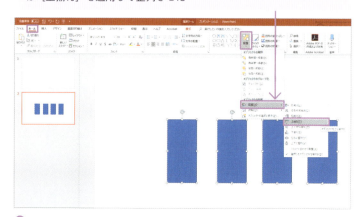

❸ 下図は[左右に整列]を適用して整列させた

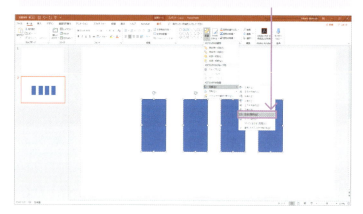

❹ 文字列も❷と同じ方法で整列させられる

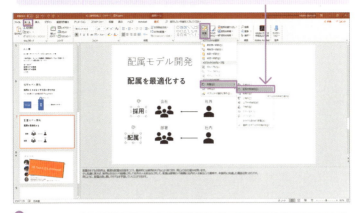

❺ 下図は❹を整列させた結果

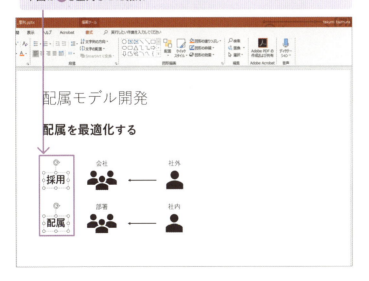

COLUMN
探しているファイルをひと目で見分ける方法

いますぐ確認したいファイルがある。ところが肝心のファイル名を忘れてしまったため検索で見つけ出すことができません。かといって、ひとつひとつファイルを開いて確認するのは時間も手間もかかって効率が非常に悪いですね。

このような場面で活躍するのが、エクスプローラーのプレビュー機能です。いちいちアプリを起動することなく、ファイルの内容をすばやく確認できます。Word や PowerPoint のファイルなど、複数ページにまたがるファイルでもすべてのページをプレビューすることが可能です。

プレビュー機能は、Word や PowerPoint で作成した文書のほかに、Excel ファイルや画像、PDF、動画などでも利用できます。

表示方法は p.106を参照して下さい。

第 **6** 章

データの見せ方と整理の基本

01 表の最適な見せ方　５大ルール

02 最速でデータ入力を行う７つの方法

03 たった４つの関数で面倒な入力を自動化する

04 無駄な労力を徹底排除！　大量データの基本操作方法

05 最高に見やすいグラフを作る考え方とその方法

01 | 表の最適な見せ方 5大ルール

Excelでの作業における見やすい表の重要性

Excelでのデータ入力の作業は、そのベースとなる表の出来に左右されます。見やすくわかりやすい表であれば、作業はスムーズに進み、かつ入力のミスも少なくなります。逆にごちゃごちゃしてわかりにくい表の場合は、何をどこに入力すればよいのか、理解するのに時間はかかり、わかりにくいがためにデータの入力ミスも自然と増えてしまいます。

それでは、見やすい、わかりやすい表にするには、どのような点に気をつければよいでしょうか。それは「どこに何が書かれているのかすぐにわかる」表に仕上げることです。たとえば、白バックで、重要な部分の数値を太字にする、斜体にする、また表の見出しのセクションを色分けするだけで、十分に見やすい表になります。さらに見出しの文字数や数値の量に合わせてセルの幅や高さに余裕をもたせてあげれば完璧です。

資料作成の章でも触れましたが、見栄えやデザインは二の次です。あくまでも主役は表中のデータです。データを読みにくくしてしまう、装飾や過度の色使いは行わないのが基本です。

▸ **重要な数字を太字にする**

表中の重要なデータは太字にします。それ以外は初期設定のままでかまいません。さらに別の部分を目立たせたい場合には、斜体を併用するとよいでしょう。

図 重要な数値や項目を太字にしている例

操作手順

❶ 太字（あるいは斜体）にしたい文字列を選択する

❷ [Ctrl] + [B]（あるいは [Ctrl] + [I]）を押して太字（あるいは斜体）にする

▶セクションごとに色分けする

 何のデータかわかりやすくするために、見出しをセクションごとに色分けします。たとえば次ページの図の場合は、大セクションをグレー、中セクションを緑に設定しています。

 同じように、数字をベタ打ちする部分と、計算式が入力されていて自動で算出される部分を、それぞれ薄黄色と白に塗り分けています。ちなみに、ほかにピンク色の部分がありますが、それらは未入力や未来予測の部分になります。

147

図 セクションごとに色分けしている例

操作手順

❶ 塗りつぶしたいセルを選択する

❷ ツールバーの［塗りつぶしの色］をクリックして、カラーパレットから目的の色を選択する

▶ 文字列は左揃え、数値は右揃えにする

　見出しなどの文字列は左揃えにします。頭を左に揃えることによって、縦に並んだ項目が読みやすくなります。

　数値は右揃えにし、千単位でカンマを入れます。これにより数値の大きさが一目でわかるようになります。

図 データの種類ごとに揃えを調整した例

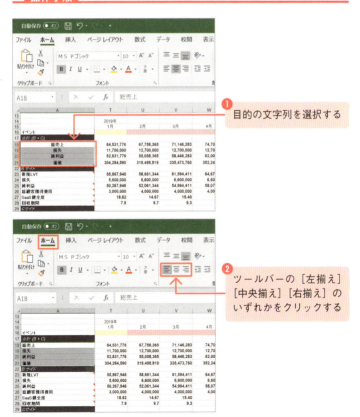

操作手順

❶ 目的の文字列を選択する

❷ ツールバーの［左揃え］［中央揃え］［右揃え］のいずれかをクリックする

第6章 データの見せ方と整理の基本

▶行や幅の設定

　セルの高さは、初期設定のままでもかまいませんが、**文字サイズの1.6倍に設定するとさらに見やすくなります。**たとえば文字サイズが10ポイントでしたら、行の高さをその1.6倍の16ポイントに設定します。

　セルの幅は、見出しの文字がきちんと収まり、なおかつ適度な余白ができるようにします。そのとき、関連する項目の幅を揃えてあげると見やすくなります。

操作手順

手動で調整する方法

❶ 行や列の境界部分をドラッグするかダブルクリックして手動調整する

数値を設定して調整する方法

❶ セルを選択し、[ホーム]の[書式]→[行の高さ](あるいは[列の幅])をクリックする

❷ 数値を指定して [OK] ボタンをクリックすると値が反映される

COLUMN
テンプレートから見やすい表の作り方を学ぶ

　表は、必ずしも一から自分で作る必要はありません。損益計算書や売上レポート、経費報告書、支出管理表など、フォーマットが決まっているものについては、インターネットなどで配布されているテンプレートを入手し、必要に応じてカスタマイズしていくと効率的です。また、よいテンプレートを参考にして、カスタマイズしていくことが表作りの勉強にもなります。

　上図は、筆者が自社の会計に使用している、SaaSビジネスの用の損益計算書（PL）です。アメリカのサイトで配布されていたテンプレートをカスタマイズして使用しています（※数字はダミーです）。

02 | 最速でデータ入力を行う 7つの方法

ショートカットキーとExcel特有の機能を駆使する

　頻繁に繰り返す作業はできるだけマウスからショートカットキーに切り替えましょう。これまでに何度か話してきたことですが、Excelでも同様です。これまでマウスで行ってきた操作をキー操作に置き換えることで、作業にかかる時間を短縮できます。

　加えて、Excelならではの便利な機能を活用していきましょう。大量のデータを扱わなければならないExcelだからこそ、最速でデータを入力するための機能がいくつも用意されています。

▶最低限のショートカットキーを使いこなす

　ほとんどすべての操作にショートカットが割り当てられていますが、それらすべてを覚える必要はありません。冒頭でお話したように「頻繁に繰り返す」ものだけで十分ですし、無理に覚えようとすることもありません。毎日使っていれば自然と身につきます。

　ショートカットを使うのはあくまでも業務の効率化のため。せっかく覚えても、思い出すのに時間がかかるようなら手動で入力した方が時短になります。

表 セルの移動と入力

内容	ショートカットキー
右のセルに移動する	Tab
隣が空白のセルに移動する	Ctrl + ↑ ↓ ← →
先頭（末尾）のセルに移動する	Ctrl + Home（Ctrl + End）
1ページ分下（上）にスクロールする	Page Down（Page Up）
同じデータを入力する	Alt + ↓
入力済のセルを編集する	F2

表 行や列の挿入・削除

内容	ショートカットキー
行や列を挿入する	Ctrl + +
行や列を削除する	Ctrl + -
行を選択する	Shift + space
列を選択する	Ctrl + space

表 日付と時刻の入力

内容	ショートカットキー
現在の日付を入力	Ctrl + ;
現在の時刻を入力	Ctrl + :

表 そのほか

内容	ショートカットキー
直前に行った操作を繰り返す	F4

▶ コピー&ペーストを高速化する

　Excelでのコピー＆ペーストは少し複雑です。単なる文字列や数値のコピペではなく、数値だけ、数式だけ、あるいは書式

を含めてなど、ペーストする内容を選択することができるからです。逆にいえば、それらの違いをきちんと理解して使いこなすことができれば、入力の手間を大幅に削減できます。

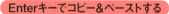
操作手順

Enterキーでコピー&ペーストする

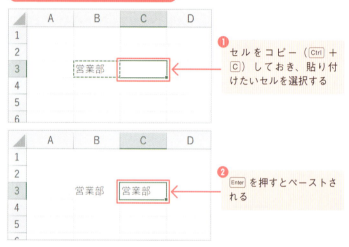

上のセルをコピー&ペーストする

[Ctrl] + [D] を押すと上のセルの内容がペーストされる

左のセルをコピー&ペーストする

貼り付け先のセル（コピーしたいセルの右のセル）を選択する

[Ctrl] + [R] を押すと左のセルの内容がペーストされる

形式を選択してコピー&ペーストする

① セルの数値だけ、数式だけ、あるいは書式を含めてコピー&ペーストしたい場合は、コピーした後に、[Ctrl] + [Alt] + [V] を押す

	A	B	C	D	E	F	G	H
1		1月	2月	3月	4月	5月	6月	
2	営業1課	180.00	160.00	130.00	170.00	155.00	99.00	
3	営業2課	160.00	150.00	166.00	230.00	134.00	100.00	
4	営業3課	150.00	180.00	125.00	111.00	155.00	113.00	
5	営業4課	140.00	170.00	150.00	198.00	230.00	212.00	
6	営業5課	130.00	160.00	130.00	170.00	155.00	102.00	
7	合計	760.00	820.00	701.00	879.00	829.00		

❷ [形式を選択して貼り付け] 画面が表示されるので、[貼り付け] 一覧からペーストする内容を選択し、[OK] ボタンを押す

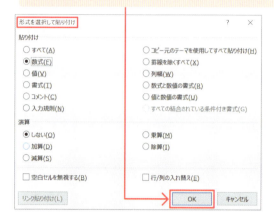

❷で [数式] を指定するとコピー元の数式がペーストされ、その結果が表示される

	A	B	C	D	E	F	G	H
1		1月	2月	3月	4月	5月	6月	
2	営業1課	180.00	160.00	130.00	170.00	155.00	99.00	
3	営業2課	160.00	150.00	166.00	230.00	134.00	100.00	
4	営業3課	150.00	180.00	125.00	111.00	155.00	113.00	
5	営業4課	140.00	170.00	150.00	198.00	230.00	212.00	
6	営業5課	130.00	160.00	130.00	170.00	155.00	102.00	
7	合計	760.00	820.00	701.00	879.00	829.00	626.00	

G7 =SUM(G2:G6)

❷で [値] を指定するとコピー元と同じ数値がペーストされる

	A	B	C	D	E	F	G	H
1		1月	2月	3月	4月	5月	6月	
2	営業1課	180.00	160.00	130.00	170.00	155.00	99.00	
3	営業2課	160.00	150.00	166.00	230.00	134.00	100.00	
4	営業3課	150.00	180.00	125.00	111.00	155.00	113.00	
5	営業4課	140.00	170.00	150.00	198.00	230.00	212.00	
6	営業5課	130.00	160.00	130.00	170.00	155.00	102.00	
7	合計	760.00	820.00	701.00	879.00	829.00	879.00	

G7 879

❷で[数式と数値の書式]を指定するとコピー元の数式と書式がペーストされる

	A	B	C	D	E	F	G	H
		1月	2月	3月	4月	5月	6月	
1								
2	営業1課	180.00	160.00	130.00	170.00	155.00	99.00	
3	営業2課	160.00	150.00	166.00	230.00	134.00	100.00	
4	営業3課	150.00	180.00	125.00	111.00	155.00	113.00	
5	営業4課	140.00	170.00	150.00	198.00	230.00	212.00	
6	営業5課	130.00	160.00	130.00	170.00	155.00	102.00	
7	合計	760.00	820.00	701.00	879.00	829.00	626.00	
8								

連続したデータを自動で入力する(オートフィル)

日付、曜日、連番の数字など、**連続したデータの入力には「オートフィル」を利用する**とよいでしょう。一瞬で大量のデータが入力できます。

また、[連続データの作成]を使うと、「5、10、15……」など**増加分を指定できます。**

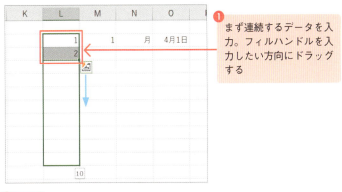

❶ まず連続するデータを入力。フィルハンドルを入力したい方向にドラッグする

💡ヒント

フィルハンドルとは、選択状態のセルに表示される緑の囲み罫線の右下にある、四角をクリックした状態でドラッグすると表示される十字の記号のことです。この状態でドラッグすると、連続データが入力できます。

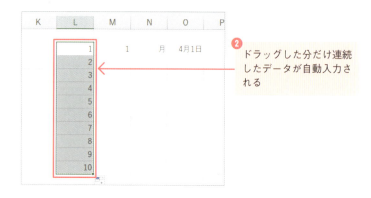

ドラッグした分だけ連続したデータが自動入力される

[連続データの作成]を使用して連続データを入力する

❶ 最初のデータが入力されたセルを選択し、[ホーム]の[フィル]ボタン→[連続データの作成]の順にクリックする

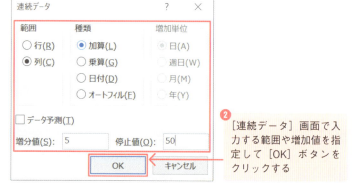

❷ [連続データ]画面で入力する範囲や増加値を指定して[OK]ボタンをクリックする

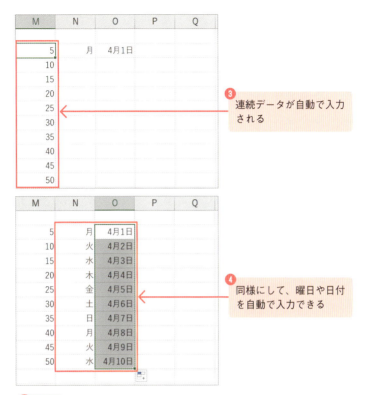

③ 連続データが自動で入力される

④ 同様にして、曜日や日付を自動で入力できる

💡ヒント

ここで入力したような単純な連続データであれば、[連続データの作成]を使わずに入力することも可能です。例えば5の倍数の数値なら1行目に「5」、2行目に「10」と入力し、これらを選択した状態でドラッグすれば、ドラッグした分だけ5の倍数のデータが自動入力されます。日付も同様に、連続するデータの間隔を入力したセルを選択した状態でドラッグすれば自動入力が可能です。

03 | たった4つの関数で 面倒な入力を自動化する

必要最低限の関数を使いこなす

筆者はもともとプログラマーです。Googleにもプログラマーとして入社し、活動してきました。ですから、関数は得意中の得意です。必要となれば、どのような関数でも調べて、使いこなすことができます。

ところが、実際はどうでしょう？ 実は、普段の業務で複雑な関数を使うことはほとんどありません。せいぜい使用するのは、SUM、IF、COUNTIF、SUMIFぐらいのものです。さらに加えるとするならば、統計的なデータを取るときに使用するAVERAGE関数などぐらいです。

業務内容によって違いはあると思いますが、一般の業務であれば、SUM、IF、COUNTIF、SUMIFのほかにいくつかの関数を覚えておけば、ほぼすべての業務をカバーできると考えています。

▶SUM関数

指定したセル範囲の合計値を求める関数です。Excelを代表する関数で、ツールバーに専用のボタンも用意されています。

書式は、「＝SUM（セル範囲）」です。

たとえば「＝SUM（B2：B6)」と入力すると、「B2」から「B6」までのセルの合計が表示されます。

ここでは、ツールバーから合計を求める方法を紹介します。

操作手順

① 合計値を表示したいセルを選択し、[ホーム]で[合計]をクリックする

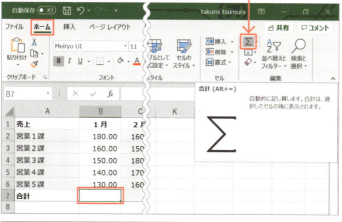

② 計算に含まれるセルが点線で囲まれる。間違って指定されているときはドラッグして範囲を指定し直す

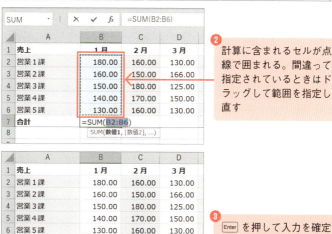

③ Enter を押して入力を確定すると合計値が表示される

オートフィルで数式をコピーできる

さきほどの操作手順で使用したデータのように、連続したセルにそれぞれの合計値を入れたい場合は頻繁にあるかと思います。そんな時はp.157で紹介したオートフィルを利用してすばやく処理しましょう。下図のように、数式の同じセルを選択して、ドラッグしましょう。

図 セルB7に入力した数式を選択し、ドラッグしている

	A	B	C	D	E	F	G
1	売上	1月	2月	3月	4月	5月	6月
2	営業1課	180.00	160.00	130.00	170.00	155.00	99.00
3	営業2課	160.00	150.00	166.00	230.00	134.00	100.00
4	営業3課	150.00	180.00	125.00	111.00	155.00	113.00
5	営業4課	140.00	170.00	150.00	198.00	230.00	212.00
6	営業5課	130.00	160.00	130.00	170.00	155.00	102.00
7	合計	760.00					

オートフィルでドラッグした結果、下図のように各合計値が入力されます。

図 オートフィルによって数式が各セルに入力された

	A	B	C	D	E	F	G
1	売上	1月	2月	3月	4月	5月	6月
2	営業1課	180.00	160.00	130.00	170.00	155.00	99.00
3	営業2課	160.00	150.00	166.00	230.00	134.00	100.00
4	営業3課	150.00	180.00	125.00	111.00	155.00	113.00
5	営業4課	140.00	170.00	150.00	198.00	230.00	212.00
6	営業5課	130.00	160.00	130.00	170.00	155.00	102.00
7	合計	760.00	820.00	701.00	879.00	829.00	626.00

▶IF関数

IF関数は、ある条件に合致したときに「真(TRUE)」に指定し

た内容を、合致しないときに「偽（FALSE）」に指定した内容を表示します。たとえば試験の合否判定で、合格点を80点より上とした場合、80点より上の人を合格（真）、80点以下の人を不合格（偽）とすることができます。書式は「＝IF（論理式, 真（TRUE）の場合の内容, 偽（FALSE）の場合の内容）」です。

表 論理式

論理式	意味	内容
＝	等しい	例：A1＝1（A1の値が1の場合）
<>	等しくない	例：A1<>1（A1の値が1以外の場合）
<	小さい	例：A1<1（A1の値が1より小さい場合）
>	大きい	例：A1>1（A1の値が1より大きい場合）
<=	以下	例：A1<=1（A1の値が1以下の場合）
>=	以上	例：A1>=1（A1の値が1以上の場合）

操作手順

合格の基準点は80点。80点より上の人は合格（真）、80点以下の人は不合格（偽）とE列に表示する

	A	B	C	D	E	F	G	H	I
1	社内資格試験結果								
2	番号	氏名	点数	所属	合否判定		判定基準		
3	1	社員A	77	東京支店			80点以上	合格	
4	2	社員B	85	関西支店			80点以下	不合格	
5	3	社員C	67	本店					
6	4	社員D	92	本店			合否人数		
7	5	社員E	58	東京支店			合格		
8	6	社員C	83	本店			不合格		
9	7	社員D	75	関西支店					
10	8	社員E	68	東京支店					
11	9	社員C	86	東京支店					
12	10	社員D	89	本店					

❶ 結果を表示するセルをクリックして選択し、数式バーに「=IF（C3＞80,H3, H4)」と入力する

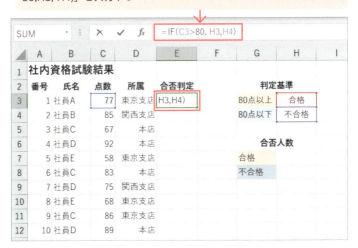

❷ 合否が表示される

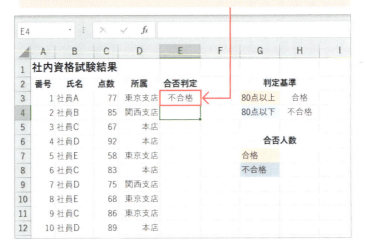

③ オートフィルで E3 の数式を他のセルにコピーしたが、このままでは正常に機能しない

E3		:	×	✓	*fx*	=IF(C3>80, H3,H4)		
	A	B	C	D	E	F	G	H	I

	A	B	C	D	E	F	G	H
1	社内資格試験結果							
2	番号	氏名	点数	所属	合否判定		判定基準	
3	1	社員A	77	東京支店	不合格		80点以上	合格
4	2	社員B	85	関西支店	不合格		80点以下	不合格
5	3	社員C	67	本店	0			
6	4	社員D	92	本店	0		合否人数	
7	5	社員E	58	東京支店	0		合格	
8	6	社員C	83	本店	0		不合格	
9	7	社員D	75	関西支店	0			
10	8	社員E	68	東京支店	0			
11	9	社員C	86	東京支店	0			
12	10	社員D	89	本店	0			

④ セル E3 の数式の「H3, H4」を選択する

SUM		:	×	✓	*fx*	=IF(C3>80, H3,H4)		
	A	B	C	D	E	F	G	H	I

	A	B	C	D	E	F	G	H
1	社内資格試験結果							
2	番号	氏名	点数	所属	合否判定		判定基準	
3	1	社員A	77	東京支店	H3,H4)		80点以上	合格
4	2	社員B	85	関西支店	不合格		80点以下	不合格
5	3	社員C	67	本店	0			
6	4	社員D	92	本店	0		合否人数	
7	5	社員E	58	東京支店	0		合格	
8	6	社員C	83	本店	0		不合格	
9	7	社員D	75	関西支店	0			
10	8	社員E	68	東京支店	0			
11	9	社員C	86	東京支店	0			
12	10	社員D	89	本店	0			

第6章 データの見せ方と整理の基本

❺ F4 を押すと、「H3, H4」に変わる（相対参照から絶対参照に書き換わっている※次ページのコラム参照）

| E3 | ▾ : × ✓ fx | =IF(C3>80, **H3,H4** |

	A	B	C	D		
1	社内資格試験結果					
2	番号	氏名	点数	所属	合否判定	判定基準
3	1	社員A	77	東京支店	H4)	80点以上 合格
4	2	社員B	85	関西支店	不合格	80点以下 不合格
5	3	社員C	67	本店	0	
6	4	社員D	92	本店	0	合否人数
7	5	社員E	58	東京支店	0	合格
8	6	社員C	83	本店	0	不合格
9	7	社員D	75	関西支店	0	
10	8	社員E	68	東京支店	0	
11	9	社員C	86	東京支店	0	
12	10	社員D	89	本店	0	

❻ E3の数式をオートフィルで E12までコピー。今度は正常に機能した

| E3 | ▾ : × ✓ fx | =IF(C3>80, H3,H4) |

	A	B	C	D	E	F	G	H	I
1	社内資格試験結果								
2	番号	氏名	点数	所属	合否判定		判定基準		
3	1	社員A	77	東京支店	不合格		80点以上	合格	
4	2	社員B	85	関西支店	合格		80点以下	不合格	
5	3	社員C	67	本店	不合格				
6	4	社員D	92	本店	合格		合否人数		
7	5	社員E	58	東京支店	不合格		合格		
8	6	社員C	83	本店	合格		不合格		
9	7	社員D	75	関西支店	不合格				
10	8	社員E	68	東京支店	不合格				
11	9	社員C	86	東京支店	合格				
12	10	社員D	89	本店	合格				

絶対参照と相対参照を正しく使い分ける

関数などの数式を使うときは、「絶対参照」と「相対参照」を常に念頭において作業しましょう。

通常、数式が入力されたセルをコピー＆ペーストすると、ペースト先のセルに合わせて参照先が自動で書き換えられます。この参照方法のことを「相対参照」といいます。

一方、「絶対参照」という参照方法を指定した場合は、数式が入力されたセルを別のセルにコピー＆ペーストしても、参照先が書き換えられることなく、常に同じセルを参照します。

先ほどの例では、常に同じセル（「H3, H4」）を参照して合否結果を表示させなければいけませんでした。そこでセルの列番号と行番号にそれぞれ「＄」を追加することで、相対参照から絶対参照に書き換え、オートフィルで他のセルにコピーした、ということです。

▶ COUNTIF関数

COUNTIF関数は、指定した条件を満たすセルの数をカウントしてくれる関数です。対象とする範囲を決め、カウントする条件を指定します。たとえば、試験結果から合格者と不合格者の数をそれぞれカウントして表示できます。

書式は「＝COUNTIF（範囲, 検索条件）」です。

次ページから、具体的な使用方法を紹介します。

操作手順

❶ 合格者と不合格者の人数をカウントする。結果を表示するセルをクリックして選択する

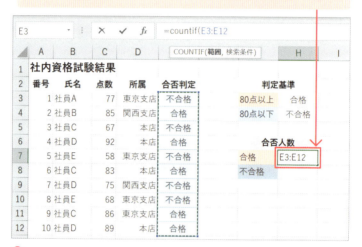

❷ 数式バーに「=COUNTIF（E3:E12, G7）」と入力する

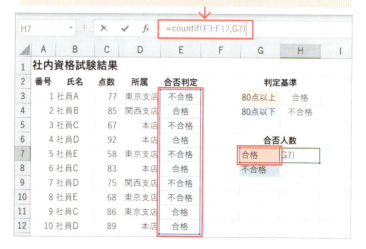

❸ 合格者の人数が表示される

	A	B	C	D	E	F	G	H	I
					H7		fx	=COUNTIF(E3:E12,G7)	
1	社内資格試験結果								
2	番号	氏名	点数	所属	合否判定		判定基準		
3	1	社員A	77	東京支店	不合格		80点以上	合格	
4	2	社員B	85	関西支店	合格		80点以下	不合格	
5	3	社員C	67	本店	不合格				
6	4	社員D	92	本店	合格		合否人数		
7	5	社員E	58	東京支店	不合格		合格	5	
8	6	社員C	83	本店	合格		不合格		
9	7	社員D	75	関西支店	不合格				
10	8	社員E	68	東京支店	不合格				
11	9	社員C	86	東京支店	合格				
12	10	社員D	89	本店	合格				

❹ 同様に、不合格者の人数をカウントする。入力する数式は「=COUNTIF（E3:E12, G8）」

	A	B	C	D	E	F	G	H	I
					H8		fx	=COUNTIF(E3:E12,G8)	
1	社内資格試験結果								
2	番号	氏名	点数	所属	合否判定		判定基準		
3	1	社員A	77	東京支店	不合格		80点以上	合格	
4	2	社員B	85	関西支店	合格		80点以下	不合格	
5	3	社員C	67	本店	不合格				
6	4	社員D	92	本店	合格		合否人数		
7	5	社員E	58	東京支店	不合格		合格	5	
8	6	社員C	83	本店	合格		不合格	5	
9	7	社員D	75	関西支店	不合格				
10	8	社員E	68	東京支店	不合格				
11	9	社員C	86	東京支店	合格				
12	10	社員D	89	本店	合格				

第6章 データの見せ方と整理の基本

▶ SUMIF関数

SUMIF関数は、指定した条件を満たすセルだけを対象に、その合計を算出します。たとえば、商品別の売上や月別の売上の合計を求めるときなどに使用します。

書式は「=SUMIF (範囲, 検索条件 [, 合計範囲])」です。

具体的な使い方を見ていきます。

操作手順

❶ 4月の「商品A」の売上を算出する。売上を表示したいセルを選択し、対象の[範囲]を指定する。ここでは「B4:B13」

❷ 次に[検索条件]を指定する。ここでは[商品A]の売上を出したいので[商品A]と入力されたセル「G4」を指定

❸
最後に［合計範囲］で合計を算出する範囲を指定する。ここでは
「E4：E13」

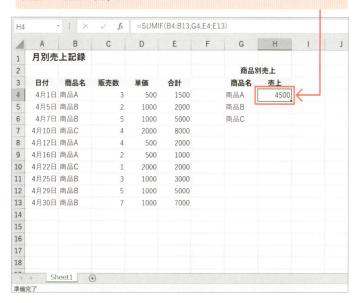

❹
商品Aの売上が表示される

❺ 同様に「商品B」「商品C」それぞれの売上を算出する

04 | 無駄な労力を徹底排除！大量データの基本操作方法

繰り返し作業を一括処理する

　繰り返し行う作業は、システム化することで大幅に作業時間を短縮できます。ひとつひとつ手作業でやっていくと膨大な時間がかかることでも、システムを使用すれば一瞬で完了できるのです。Excelには、そうした大量のデータを一括処理する機能（システム）が複数用意されています。その中でもデータの整理や分析で活用できる基本機能をいくつか紹介します。

▶検索・置換する

　表中から目的のデータを探し出す場合は[検索]を、あるデータを別のデータに置き換える場合には[置換]を使います。これらの機能はExcelだけでなく、WordやPowerPointでも使用できます。

操作手順

検索する

❶ Ctrl + F を押して［検索と置換］を開く

❷ ［検索］タブの［検索する文字列］に文字列を入力し、［次を検索］ボタンをクリックする。検索で見つかったセルが選択される

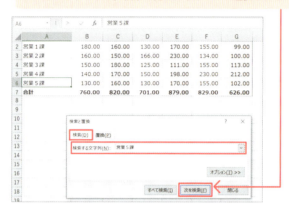

置換する

❶ Ctrl + H を押して［検索と置換］を開き、［検索する文字列］に置き換える前の用語、［置換後の文字列］に置き換えた後の文字列を入力し、［すべて置換］ボタンをクリックする

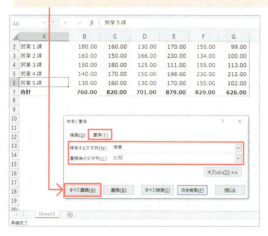

❷
表内の文字列が指定の文字列に置き換わる

A2		▼	:	×	✓	fx	広告1課		
	A		B	C	D	E	F	G	
2	広告1課		180.00	160.00	130.00	170.00	155.00	99.00	
3	広告2課		160.00	150.00	166.00	230.00	134.00	100.00	
4	広告3課		150.00	180.00	125.00	111.00	155.00	113.00	
5	広告4課		140.00	170.00	150.00	198.00	230.00	212.00	
6	広告5課		130.00	160.00	130.00	170.00	155.00	102.00	
7	合計		760.00	820.00	701.00	879.00	829.00	626.00	

▶データを絞り込む、並べ替える

特定のデータだけを絞り込んで表示したいときには[フィルター]機能を使います。指定した条件に合致する項目だけが表示されるようになります。

また、特定の規則に従ってデータを並べ替えたい場合には[ソート]機能を使用します。[昇順](小さい順)と[降順](大きい順)に並べ替えることができます。

なお[フィルター]をかけてもデータそのものの並び順は変わりませんが、[ソート]をかけた場合はデータの並び順そのものが変わってしまいます。両者の違いに注意して使用しましょう。

操作手順

フィルターをかける

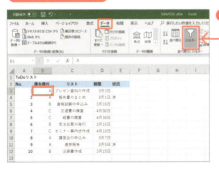

❶ フィルターを適用したいセルをどれかひとつを選択し、[データ]の[並べ替え]をクリックする

第6章 データの見せ方と整理の基本

❷ フィルター用のボタンが表示されるのでクリックして表示したいデータにチェックする

❸ [OK] ボタンをクリックする

❹ チェックしたデータのみ表示される

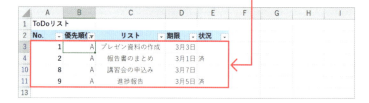

ソートする

❶ 並べ替えを行いたい項目をクリックして選択する

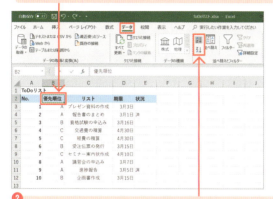

❷ [データ]の[昇順]あるいは[降順]をクリックする

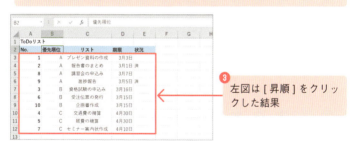

❸ 左図は[昇順]をクリックした結果

▶ セル内の改行をまとめて削除する

Excelでは、セル内で[Alt]を押しながら[Enter]を押すと文字列を改行できます。

このような改行を元の1行に戻したい場合、[置換]機能を使うと便利です。一度にすべての改行を取り除けます。

操作手順

❶ 改行を削除したいセルをクリックして選択する（複数選択したい場合は [Ctrl] を押しながらクリック）。[Ctrl] ＋ [H] を押して［検索と置換］を開く

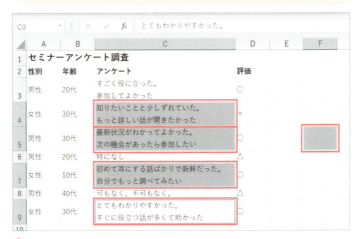

❷ ［検索する文字列］をクリックして文字入力ができる状態にし、[Ctrl] ＋ [J] を押す。その下の［置換後の文字列］は空白のままにする

❸ ［すべて置換］ボタンをクリックする

❹
改行が削除される

▶ 空白のセルや行をまとめて削除する

表中の空白のセルや空白の行は[検索と選択]にある[条件を選択してジャンプ]でまとめて削除できます。表内に空白セルや行が複数存在するときに便利です。

操作手順

❶
[ホーム]タブの[検索と選択]をクリックし、[条件を選択してジャンプ]を選択する

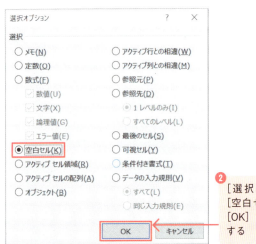

❷ [選択オプション] で [空白セル] を選択して [OK] ボタンをクリックする

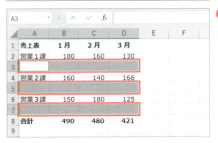

❸ 空白のセルや行がすべて選択される

❹ 選択範囲内で右クリックして [削除] を選択する

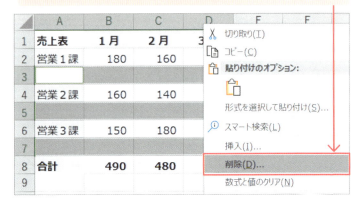

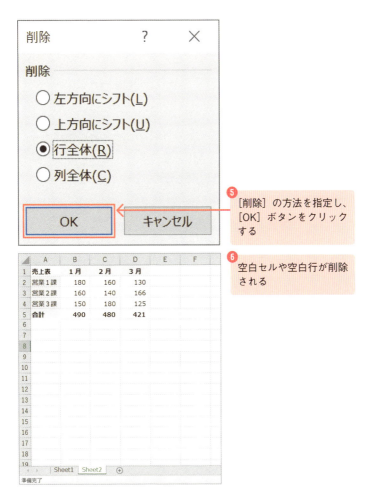

⑤ [削除]の方法を指定し、[OK]ボタンをクリックする

⑥ 空白セルや空白行が削除される

　以上のように、基本的な機能ですが把握していれば非常に役立つものを紹介しました。今回紹介した操作方法は、応用することでそれぞれの場面で大きな効力を発揮するので試してみてください。

05 | 最高に見やすいグラフを作る考え方とその方法

グラフ選択の基本

　表データを**グラフ**にする一番の目的は**データを可視化する**ことです。単なる数値をグラフ化することで、数値のままでは読み取りにくい情報を浮き彫りにします。

　点グラフ、線グラフ、棒グラフ、円グラフなど、グラフにはいくつもの種類がありますが、どのグラフを使えばよいかは「何をわかりやすくしたいのか」「何を抽出したいのか」によって異なります。「これを使えば大丈夫」とはなかなか言い切れません。

　一方で、正解が決まっているものもあります。

　たとえば売上データなら、年度ごとに3種のデータ——売上、損失、利益を色の違う棒グラフで可視化すれば見やすいでしょう。

　それらを長期に渡って分析したい場合は、棒グラフではなく、折れ線グラフを使うとさらに傾向がつかみやすいです。

　また、市場におけるシェアや顧客の属性を可視化するには円グラフが向いています。

図 筆者が実際に利用している年度ごとの売上データとそのグラフ（数字は架空のもの）

▶「Masayoshi Mizutani」さん作のチートシートを利用する

　おそらく通常の業務では、線グラフ、棒グラフ、円グラフの3つでほぼすべてのデータを扱うことができるはずです。

　ところが中には、どのグラフを使ったらよいのか迷うことがあります。そのようなときに筆者が参考にしているのがWebページ「Qiita Hello hackers！」に掲載されている「データ可視化チートシート」です。このシートで「系列はいくつかあるか」「時系列はいくつあるか」「ラベルはどのぐらいあるか」といった質問に答えていくことで、最適なグラフを見つけ出せます。もちろん、必ずしも正解が見つかるわけではありませんが、試してみる価値は十分にあります。

URL （2019年7月現在）

https://qiita.com/m_mizutani/items/26971c29fa990617a935

データの特性を簡単に浮き彫りにする

　Excelで作成したデータは、誰かに見せるためだけでなく、データ分析のために使用することもできます。

　たとえば、一般の業務ではあまり使う機会はないかもしれませんが、次ページのようなヒートマップがそうです。ただ数値を並べただけでは、そのデータが持つ特性はなかなか見えてきません。そこで数値の大小によってセルを色分けしてみます。すると、これまで見えなかったデータの特性があぶり出されます。

　Excelで作成したデータにはこうした活用法もあるのです。

操作手順

下は、年代ごとの特徴を1から5に分け、その割合を示した表。この状態では、年代ごとの特性をつかむのは難しい。そこで数値の大小によってセルの色を変えてみる

	A	B	C	D	E	F	G	H
1		10代	20代	30代	40代	50代	合計	
2	特徴1	21%	23%	10%	31%	15%	100%	
3	特徴2	11%	26%	11%	44%	8%	100%	
4	特徴3	30%	23%	13%	12%	22%	100%	
5	特徴4	35%	15%	32%	5%	13%	100%	
6	特徴5	18%	22%	16%	12%	32%	100%	
7								

❶ 色分けしたいセルを選択し、[ホーム]の[条件付き書式]→[カラースケール]の順にクリック。テーブルからカラーを選択する

❷ ここでは数値の大きさを色の濃度によって表してみた

	A	B	C	D	E	F	G	H
1		10代	20代	30代	40代	50代	合計	
2	特徴1	21%	23%	10%	31%	15%	100%	
3	特徴2	11%	26%	11%	44%	8%	100%	
4	特徴3	30%	23%	13%	12%	22%	100%	
5	特徴4	35%	15%	32%	5%	13%	100%	
6	特徴5	18%	22%	16%	12%	32%	100%	
7								

ヒント

また、[条件付き書式]→[データバー]でセル内に棒グラフを表示することもできる。

第 **7** 章

すぐに役立つ！効率的なメールの使い方

01 メール操作の基本の「き」

02 署名に定型文を登録しておく

03 大量メールを高速で処理する方法

04 過去のメールを最速で見つけ出す方法

05 大容量ファイルは送るのではなく共有する

06 ミーティングとメールを適切に使い分ける

01 | メール操作の基本の「き」

「マイルール」を作って作業を効率化する

多くの人が、必ずといっていいほど毎日使っている「メール」に関わる作業・操作の中にも多くの無駄が潜んでいます。中でも「同じ作業の繰り返し」は、システム化することで劇的に効率化できるので、すぐにでも改善することをお勧めします。

筆者は、煩雑なメール作業を可能な限り効率化するために、自分だけの「マイルール」を決めています。自分で決めた「マイルール」にしたがってメールを書くことで、メールのやりとりに要する時間を大幅に短縮することに成功しました。

これからそれらのルールを紹介します。もちろん、そっくりそのまま実践する必要はありません。「これは使えそうだな」「これはいいな」と感じたものを取り入れていただき、仕事の効率化に役立ててください。

▶メールの文章構成を決めておく

メールの内容は、できるだけ簡潔にまとめるようにします。原則として次の4つのみで十分です。

（1）相手の名前
（2）要件
（3）「よろしくお願いいたします」といった結びの一文
（4）自分の名前

手紙にあるような時候の挨拶は不要です。また「いつもお世

話になります」といった決まり文句も、初回のやりとりにだけ入れれば十分だと考えています。メールのたびに入れる必要はありませんし、相手も読み飛ばしていると思います。

メールを書く際は「**簡潔であること**」にこだわっています。相手も日々大量のメールを受信していると思いますので、長い文章を読まなくても要件が伝わるように工夫することは、双方にとってメリットがあると思います。

図 メールの内容は4原則で簡潔にまとめる

▶ **相手のルールに合わせる**

マイルールを大切にしつつも、「**相手に合わせる**」ことも重要であると考えています。そのため、筆者は普段から、伝えたい要件以外の箇所については、**できるだけ相手に合わせるようにしています**。たとえば、相手が「ミライセルフ株式会社　井上様」のように送り先名に〈社名〉を付けてきたら、こちらもそれに合わせて社名を付けます。同様に、文頭に挨拶文があれば、こちらも挨拶文を付けます。この点は、上述した筆者のマイルールには反しますが、相手に合わせることを優先します。直

接相手の顔や表情を見て伝えることができないメールだからこそ、より一層、相手に敬意を払うことが大切です。

（1）相手のルールに合わせるか、またはそれ以上に丁寧な
　　 言葉遣いで返信する
（2）相手の役職や年齢に関係なく、敬意を持って接する

　この2つを常に意識しておくだけで、メールでのやりとりやコミュニケーションが、これまで以上に円滑になります。当たり前のことのように思えるかもしれませんが、意外と実行できていない人が多いのも事実です。メールを書いた際は送信前に確認してみてください。

▶ 急ぎのメールには即返信する

　「メールを確認・返信するタイミング」については、いろいろな人が、さまざまな意見を述べています。「1日2回の確認だけで十分」という人もいれば、「1～2時間置きにチェックしよう」「メールが来たら必ず3分以内に対応すべき」などさまざまです。

　筆者のマイルールは「メールが届いたらすぐに確認して重要度を見極め、急ぎのものはすぐに返信し、それ以外のものは後でまとめて返信する」です。

　急ぎの案件を放置することは当然よくありません。しかし、だからといって重要度の低い案件まで即時対応していては業務効率が下がってしいます。そこで筆者は、メールの重要度を見極め、その内容に応じて返信のタイミングを使い分けています。

　なお、後回しにしたメールへの返信忘れを防ぐために、返信

188

待ち状態のメールには目印（フラグやマークなど）をつけるようにしています。メールに目印をつける方法については、p.195で説明します。

▶TO、CC、BCCを使い分ける

メールの宛先設定には「TO」「CC」「BCC」の3種類があります。メールの内容や送信先に応じて、3種類の宛先設定を適切に使い分けることが必要です。正しく使い分けるために「TO」「CC」「BCC」の違いを確認しておきましょう。

表「TO」「CC」「BCC」の内容

機能	説明
TO	特定の相手にメールを送るときに使う一般的な宛先です。
CC	上司や同一チーム内への間接的な報告などに使います。「CC」に指定されている送信先は、「TO」や「CC」に指定されている他の送信先の人も確認できます。
BCC	イベントの招待や新製品の告知などを一斉送信するときなどに使います。「BCC」に指定されている送信先は非公開となるため、同一のメールを受信した他の人も、同じメールを誰が受信したかを確認することはできません。

ヒント

実は筆者はある時期まで「CC」と「BCC」の存在を知りませんでした。メールを送る相手は、特定の友人や知人がほとんどで、複数の人にメールを同時送信する必要がなかったからです。しかし、会社の業務となるとそうもいきません。

「CC」や「BCC」に宛先を設定するには次ページの手順を実行します。ここではOutlookでの設定方法を紹介しますが、他のメールアプリであっても基本的な操作方法は同じです。

操作手順

❶ メールの作成画面で[CC]をクリックする

❷ [名前の選択]画面が表示される

❸ 必要に応じて[CC][BCC]にアドレスを入力する

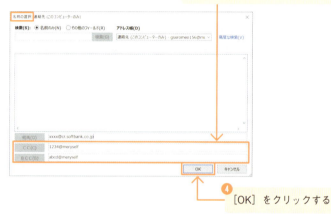

❹ [OK]をクリックする

❺ [CC]に送信先が追加された

やり取りの途中から CC を追加するときの注意点

　メールのやり取りの途中から誰かを CC に加えたい場面で注意したいのが「これまでのやり取りをどこまでオープンにするか」です。すべてをオープンにしてもかまわないときはそのまま CC に追加すればよいのですが、一部知られたくない箇所がある場合や、見せないほうがよい部分がある場合には、その文面は事前に削除するようにしてください。

02 | 署名に定型文を 登録しておく

署名機能の有効活用法

　メールの署名といえば、社名、氏名、住所、電話番号を入れるのが一般的ですが、ここではぜひ覚えておいてほしい便利な使い方を紹介します。それは「署名設定に定型文を登録しておく」というものです。たとえば、冒頭の挨拶文「お世話になっております、ミライセルフの井上です。」や結びの一文「どうぞよろしくお願いいたします。」などの定型文は、ほぼすべてのメールで必ず記載すると思います。これらの文章を毎回、メールを作成するたびに入力していては時間の無駄です。

　こういった定型文は、通常の署名と一緒に登録しておきましょう。署名設定に登録しておけば、メールを新規作成するたびに自動的に入力されるため、メールの入力作業を大幅に効率化できます。このテクニックは「会社移転のお知らせ」や「新製品の告知」などの一時的な定型文にも利用できます。このように、メールの署名機能は、アイデア次第でいろいろなケースで活用できます。

▶署名を登録・入力する

　署名の登録方法は、会社名や住所を登録するときと同じです。登録したい署名に名前をつけて、挨拶文などの定型文を入力し、登録しておきます。Outlookの署名機能には、複数の署名を登録できます。この機能を活用すれば、「社内用」と「社外用」や、「業務用」と「キャンペーン用」など、メールの目的ごとに署名を登録しておくことができます。

署名を登録するには、次の手順を実行します。

操作手順

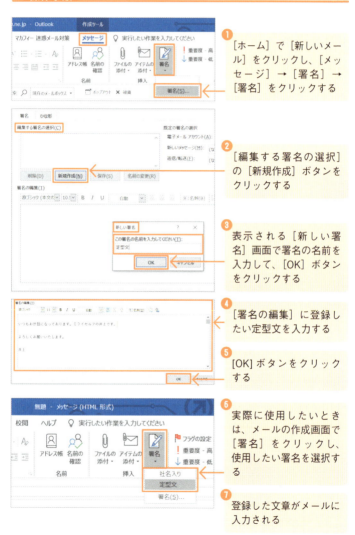

03 | 大量メールを高速で処理する方法

面倒なメール作業は「ショートカット」で効率化できる

　毎日届く大量のメールを効率よく処理するために筆者が身につけたのが「**ショートカットキー**」です。主要なショートカットキーを覚えるだけで、**メール関連の作業時間を10分の1程度まですぐに減らせます**。10分かかっていた作業が1分で終わるようになるのです。

　ここでは筆者の経験に基づく、最重要のショートカットを紹介します。メールを高速処理するのに役立つOutlookのショートカットは次の13個です。みなさん自身が業務で頻繁に行う操作から順に覚えて活用するとより効果的です。

表 メール操作に関する最重要ショートカット13

操作	ショートカット
新規メールを作成する	Ctrl + N
メールを送信する	Alt + S ／ Ctrl + Enter
メールを返信する	Ctrl + R
全員に返信する	Ctrl + Shift + R
メールを転送する	Ctrl + F
入力欄を移動する	Tab
新着メールを受信する	Ctrl + M
選択中のメールを表示する	Enter
前のメッセージに戻る	↑
次のメッセージに進む	↓

第7章　すぐに役立つ！ 効率的なメールの使い方

操作	ショートカット
1ページ分スクロールする	space
検索ボックスにカーソルを移動	Ctrl + E
メールを削除する	Delete

　前章でもお話しましたが、**マウス操作に頼りすぎると作業効率が低下します**。マウス操作は、キーボード操作に比べて、手の移動範囲が増えるため、時間がかかります。それはメールについても同様です。これまでマウスで行っていた操作をキーボード操作（ショートカット）に切り替えることで、より効率的にメールを処理できるようになります。

フラグでメールを管理し、最高の効率化を図る

　メールの処理においては、処理速度の向上以上に重要なことがあります。それは「**いかに返信漏れをなくすか**」です。ビジネスの現場において、返信漏れはやってはいけない失態の1つです。そのために筆者が活用しているのが、**メールのフラグ機能**です。

　筆者は、メールの重要度に応じて返信のタイミングを使い分けています（p.188）。最重要のメールは即時に返信するため、返信漏れの心配はありませんが、後でまとめて返信するメールについては、適切に管理しておかないと、うっかり返信を忘れてしまう恐れが生じます。これを防ぐためにフラグ機能を利用しています。**届いたメールの内容を確認し、すぐに返信しないメールについてはその場でフラグを付けます**。フラグを付けておくことで、どのメールが未処理なのか一目でわかります。また未処理のメールが増えすぎてしまわないように、**未処理メー**

ルの上限を15通と決めています。上限値に達した時点で集中してメールを返すように自分に課しています。これも「マイルール」の1つです。

なお、未処理の中には「相手のアクション待ち」も含みます。しばらく経っても相手からリアクションがない場合は、こちらからフォローアップのメールを送ることで、作業が滞るのを防げます。

操作手順

フラグを付ける

メールを右クリックして、[フラグの設定]→[フラグを付ける]をクリックする(または Insert を押す)

フラグの有無による分割表示

[フラグごとに並べ替え]ボタンをクリックすると、フラグ付きのメールとフラグなしのメールが分割して表示される

04 | 過去のメールを最速で 見つけ出す方法

時間をかけずに目的のメールを見つける方法

　社内・社外を問わず、現在はメールがコミュニケーションの一端を担っているため、日々の業務において膨大な量のメールを処理している人も多いのではないでしょうか。

　そのような場合は、「**必要なメールを見つけ出すスキル**」も重要になります。昨今では打合せの議事録や提案のやり取りなどをメールで行うこともあると思います。そのようなケースにおいて、後で「そういえば、あの件はどういうステータスなんだっけ」と気になったときに、サッとその情報を見つけ出すことができれば、業務を円滑に進めることができます。

▶ Outlookの検索機能は優秀

　大量のメールの中から特定のメールを見つけ出したいときは、メールの検索機能を使います。**Outlookでは、件名、差出人、本文、添付データなどを対象としたキーワード検索**が行えます。インターネット検索の場合と同様に、**AND、NOT、ORなどの論理演算子を使ったキーワード検索**（p.64）も可能です。

　ここでは、膨大なメールの中から目的のメールを見つけ出す際に有効な次の5つのテクニックを紹介します。

- キーワードで検索する
- 未読メールだけを表示して絞り込む
- フィルター機能を使って絞り込む
- 検索対象を細かく指定する
- メールのフォルダ管理

操作手順

キーワードで検索する

❶ 検索したいフォルダを選択する

❷ Ctrl + E を押し、検索ボックスにカーソルを移動させる

❸ 検索キーワードを入力する

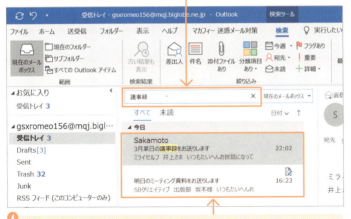

❹ キーワードに合致するメールが表示される

未読メールだけを表示する

❶ [未読] をクリックすると、未読のメッセージのみが表示される

フィルター機能を使って絞り込む

❶ [ホーム] タブの [電子メールのフィルター処理] をクリックし、絞り込む項目を選択する

検索対象を細かく指定する

Outlookでは、メール検索の検索対象を詳細に指定できます。件名のみを対象に検索したり、添付ファイルの有無でフィルタリングすることも可能です。

検索対象を細かく設定するには、次の手順を実行します。

操作手順

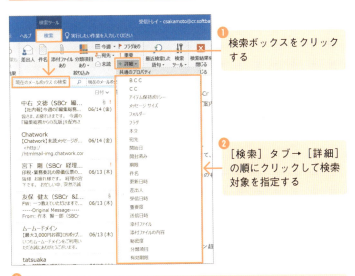

① 検索ボックスをクリックする

② [検索] タブ→ [詳細] の順にクリックして検索対象を指定する

③ 検索ボックスに指定した項目が追加される

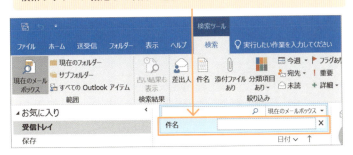

フォルダ管理を徹底する

受信したメールをすべて[受信トレイ]に保存しておくのではなく、フォルダを作成して分類、整理しておくとさらにメールを見つけやすくなります。取引先や案件ごとに分類して管理するのがよいでしょう。

操作手順

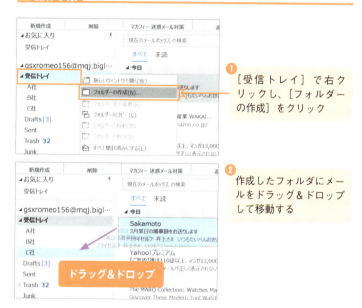

❶ [受信トレイ]で右クリックし、[フォルダーの作成]をクリック

❷ 作成したフォルダにメールをドラッグ&ドロップして移動する

ヒント

筆者がはじめてメールを使ったのは今から10年ほど前の学生時代ですが、その日以降、メールは1通も削除していません(迷惑メールや広告のメールは別です)。メールを残しておけば、同時に連絡先も残すことができます。「あの人の連絡先が知りたい」と思ったときにいつでも検索できるよう、メールは残しておきましょう。

05 | 大容量ファイルは 送るのではなく共有する

大容量ファイルを共有すべき理由とメリット

　メールで文書ファイルや画像ファイルを送るとき、みなさんはどのようにしているでしょうか。容量の小さいファイルならメールにそのまま添付してかまわないでしょう。しかし、**5個以上のファイルをメールにそのまま添付して送信したり、10MB以上のファイルをメール添付で送信したりすることは避けたほうが無難**です。多数のファイルを添付すると、ファイルの管理が煩雑になりますし、容量の大きなファイルを添付すると送受信に時間がかかります。先方のサーバーの設定によっては、重たい添付ファイルは受信できない設定になっているケースもあります。

　筆者は、**大容量のファイルを送りたいときは、クラウドのサーバーにファイルをアップし、そのリンクを相手に伝える**ようにしています。つまり、クラウドにアップロードしたファイルを共有するのです。この方法では、特定のサーバーにファイルをアップしなければならないため、メールに添付して送るよりも手間はかかりますが、その手間以上のメリットがあります。

　まず、**メールの送受信にかかる時間が減ります**。これによりメールのレスポンスが悪くなることがありません。

　また、**受信後のファイルの管理も楽です**。ファイルはクラウド上にあるので、メールを検索する必要はありません。

　さらに、**複数の人と共有するのも簡単です**。いったんアップロードしたファイルであれば、ファイルの保存先のリンク

第7章　すぐに役立つ！　効率的なメールの使い方

（URL）を伝えるだけで、送ることができます。

▶ **ファイルをアップロードして、共有する方法**

世の中にはさまざまな「ファイル共有サービス」があります。有料のものも、無料のものもあります。有名なサービスには筆者も利用している「Googleドライブ」や「DropBox」などがあります。他にもたくさんあるので、どのサービスを利用するかは、みなさんが検討して決めてください。

ただし、なるべく信頼性の高いサービスを選ぶようにしてください。また、業務データを扱う場合は、そういった外部サービスを利用してもよいかどうか、事前に確認してください。

ここでは、Googleドライブにファイルをアップロードして共有する方法を紹介します。他のサービスの場合も作業内容は似ているので参考になると思います。

___操作手順___

❶ Googleドライブの[マイドライブ]にアクセスする

❷ アップロード先のフォルダを開き、右クリックして[ファイルをアップロード]をクリックする

❸ アップロードするファイルを選択し、[開く] をクリックする

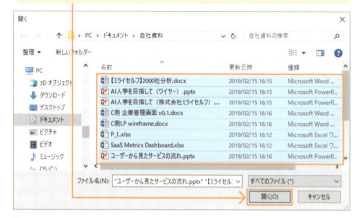

ヒント

[Ctrl] や [Shift] を押しながら操作することで、複数のファイルを同時にアップロードできます。

❹ アップロードが完了したら、相手に送るファイルやフォルダを選択して、[共有可能なリンクを取得] をクリックする

❺ [他のユーザーと共有] 画面が表示される

❻ [リンクをコピー] をクリックし、[完了] をクリックする

❼ メールの作成画面を開き、コピーしたリンクをペーストして知らせたい相手に送信する

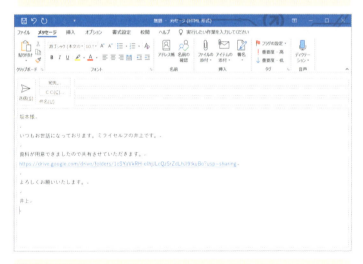

受信者がリンクをクリックすると、対象のファイルやフォルダーをダウンロードできる

06 | ミーティングとメールを適切に使い分ける

用途や目的に合わせた使い分けが肝要

　世の中には、メールやメッセンジャーアプリ（チャット）、Facebook、LINEなど、さまざまなコミュニケーションツールがあるため、極論をいえば、ミーティング（対面の場）を設けなくても仕事を進行できる状況になりつつあります。しかし、あらゆるコミュニケーションをオンラインで完結させることについて筆者は賛成派ではありません。**便利なツールは活用しつつも、必要に応じてミーティングの場を持つことも重要であると考えています**。ツールを適材適所、用途や目的に合わせて使い分けることが、仕事の効率化や時短につながります。

　筆者の場合は、**議論が必要な案件についてはミーティング**を行います。ミーティングの場でじっくりと話し合います。

　ミーティングで方向性を決めた後の、**ちょっとした確認や細かい部分のすり合わせにはメールやメッセンジャー**を使います。メールにするか、メッセンジャーにするかは、相手との関係性で決めます。同じチームのメンバーや同僚とはメッセンジャーを使い、お客様とはメールでのやり取りが基本です。

▶ミーティングのメリット・デメリット

　ミーティングのメリットは、面と向かって話せるので、身振り手振りで説明したり、表情や口調を通して相手との意思疎通が可能で、議論がスムーズに行えます。

　一方のデメリットは、単純な質問や確認には向いていない点です。目的や結論が決まっていることについては、議論に発展

第7章　すぐに役立つ！　効率的なメールの使い方

205

しかねないので避けたほうがいいでしょう。

▶ **メールのメリット・デメリット**

　メールにも多数のメリットがあります。「発言の証拠が残る」こともその1つです。メールを残しておけば、「言った言わない」や「聞いていない」といったトラブルを回避できます。また、内容の確認にも役立ちます。一方のデメリットは、議論や複雑なやりとりには向いていないことです。

　このため、対面のミーティングで議論し尽した後のやりとりにメールを使うようにするとよいでしょう。万が一、メールをやり取りしていく中で、話が複雑になってきたなと感じるようなら、すぐにメールでのやりとりをやめ、ミーティングに切り替えたほうがよいでしょう。

　メールで質問をするときは、まず自分の中で考えを整理し、「はい／いいえ」の2択、あるいは「A／B／C」などの選択肢から選べるようにすると話がスムーズに進みます。できるだけ議論に発展するような質問にしないことがポイントです。

図 **コミュニケーションの流れ**

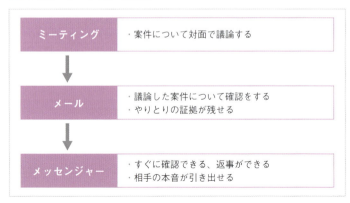

第 **8** 章

パソコンを最高の状態に保つ方法

01 まずはパソコンの状態を確認すべし

02 不要なシステムを削除し、パソコンの動作を高速化する

03 データを確実に守る３つの方法

04 パソコンの動作が突然重くなる原因

01 まずはパソコンの状態を確認すべし

パソコンの状態を確認する方法

作業効率を高めるためのスキルを身につけても、パソコン自体の性能が極端に低かったり、OSのバージョンが古かったりすると、思ったほどの効果が得られません。

まずは、パソコンの状態を知るために以下の項目をチェックしていきましょう。

☑ パソコンの OS のバージョンは最新か
☑ メモリの容量は十分か
☑ ブラウザのバージョンは最新か
☑ 必要のないアプリが立ち上がっていないか

なお、業務上、パソコンのOS、メモリ容量などをみなさん自身が自由に変更できない場合は説明を読み飛ばしても構いません。p.210の「ブラウザのバージョンを確認する」から読み進めてください。

▶ OSのバージョンとメモリ容量を確認する

ハード面のボトルネックは、時代とともに変化しています。かつてはCPUとディスク容量が最大のネックでしたが、現在はOSとメモリが大きな要因と考えられています。

次ページで確認方法を説明します。

操作手順

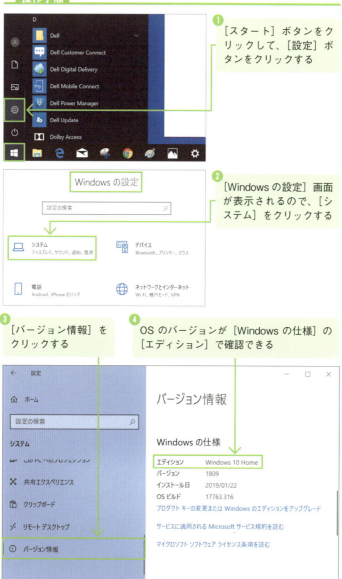

① [スタート] ボタンをクリックして、[設定] ボタンをクリックする

② [Windows の設定] 画面が表示されるので、[システム] をクリックする

③ [バージョン情報] をクリックする

④ OS のバージョンが [Windows の仕様] の [エディション] で確認できる

❺ 下方向へスクロールすると、パソコンに搭載されているメモリの容量が［デバイスの仕様］の［実装RAM］で確認できる

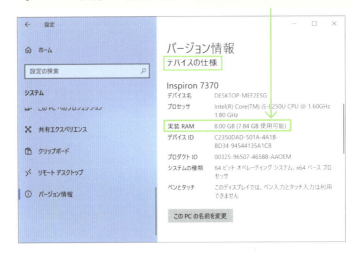

> 💡ヒント
>
> Windows10の必要最低要件は1GBですが、32ビット版なら4GB、64ビット版なら8GB程度のメモリを搭載しておくことをお勧めします。

▶ブラウザのバージョンを確認する

　使用しているブラウザが最新であるかを確認し、最新でない場合は、必要に応じて最新バージョンに更新します。常に最新のバージョンにしておくことでセキュリティの対策にもなります。次ページで各主要ブラウザのバージョンの確認方法を説明します。

　なお、Microsoft EdgeとInternet Explorer 11の最新版へのアップデートは、Windows10の更新と同時に行われるため、手動でアップデートする必要はありません。本書ではバージョンを確認する方法のみ紹介します。

操作手順

Microsoft Edgeの場合

❶ […] ボタンをクリックして、[設定] をクリックする

❷ [全般] をクリックする

❸ [このアプリについて] でバージョンを確認できる

Internet Explorer 11の場合

❶ [ツール] ボタンをクリックする

❷ [バージョン情報] をクリックする

❸ 表示される画面でバージョンを確認できる

ブラウザのバージョンは、[ヘルプ] → [バージョン情報] から確認することもできる

Google Chromeの場合

❶ [⋮] ボタン→ [ヘルプ] → [Google Chrome について] をクリックする

❷ バージョンが確認できる。また、最新バージョンが見つかると自動的にアップデートされる

❸ アップデートが完了したら [再起動] ボタンが表示される。クリックすると、最新バージョンのブラウザが起動する

> **ヒント**
>
> メーカーのサポートが終了した OS やアプリ（ブラウザを含む）は、極力使わないようにしてください。作業の効率化にとってマイナスになるだけではなく、セキュリティ面でも大きな問題があります。

不要なアプリが起動していないか確認する

使用していないアプリや、不必要なアプリが起動している状態は「メモリを無駄に使用している状態」だと考えてください。

また、起動した覚えがないアプリやソフトが立ち上がっている場合もあり得ます。たとえば、パソコンの出荷時にすでにインストールされ、パソコンの起動時に必ず立ち上がるよう設定されているものです。他にも、何か別のアプリをインストールしたタイミングで半自動的にインストールされるアプリもあります。

こういったアプリの多くは、大切なメモリ領域をひっ迫させる原因になるので、できるだけ停止することをお勧めします。この機会に現在起動中のアプリを確認しましょう。

現時点でどのアプリが起動しているのかは、タスクマネージャーを利用することで簡単に確認できます。他にも、タスクマネージャーを使用すると以下のことを実行できます。

- 現在起動しているアプリの状態（CPU利用率、使用メモリ容量、電力消費など）
- パソコンのパフォーマンス情報
- アプリの使用履歴
- 自動起動するアプリの確認・削除
- パソコンを使っているユーザーの利用状況

タスクマネージャーを起動して、現在起動しているアプリを確認したり、CPUやメモリの使用状況を確認するには次の手順を実行します。

操作手順

❶ スタートボタンをクリックして、検索ボックスに「タスクマネージャー」と入力する

❷ 候補一覧から[タスクマネージャー]をクリックする

❸ [タスクマネージャー]が起動するので、[詳細]をクリックする

❹ 左端の項目一覧で起動中のアプリなどが確認できる

❺ [CPU]列や[メモリ]列でそれぞれの使用状況を確認できる

第8章 パソコンを最高の状態に保つ方法

❻ [CPU]や[メモリ]などの列名をクリックすると、使用量順に並べ替えることができる

❼ [パフォーマンス]タブに切り替えると、CPU、メモリの使用状況がグラフに表示される

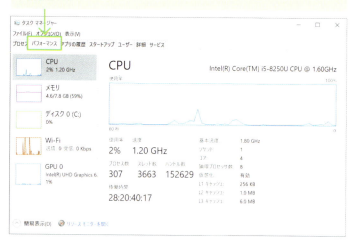

02 | 不要なシステムを削除し、パソコンの動作を高速化する

ディスクをメンテナンスしてパソコンを整える

　長期間、パソコンをメンテナンスせずに使い続けていると、必要のないデータ（一時ファイルなど）が溜まってしまったり、ハードディスクのデータの格納場所が分散してしまうことがあります。それらのデータを削除、あるいは整理（配置）し直すことで、ディスクの環境が整備され、パソコンが本来のパフォーマンスを取り戻します。

　パソコンの動作が重いと感じた時には、ディスクのメンテナンスを行うのも1つの手段です。ディスクのメンテナンスは、Windowsに標準で搭載されている「**ディスククリーンアップ**」で行えます。

▶ディスククリーンアップ

　第1章のp.24で、不要なアプリを削除してパフォーマンスの改善を図ったのと同様に、**不要なデータは定期的に削除するとよいでしょう**。知らないうちに、作業には必要のないデータ（一時ファイルなど）が蓄積されていくからです。ディスククリーンアップを実行することで、それらの不要データが一気に削除され、パフォーマンスが改善されると同時に、ディスクの空き容量を増やすことができます。

第8章　パソコンを最高の状態に保つ方法

217

操作手順

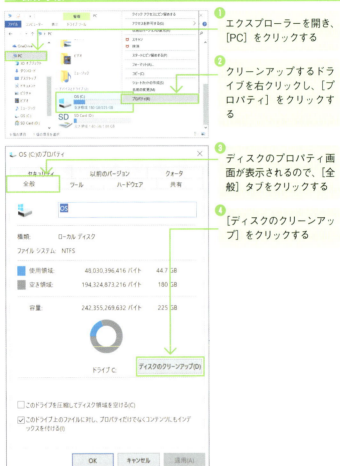

① エクスプローラーを開き、[PC] をクリックする

② クリーンアップするドライブを右クリックし、[プロパティ] をクリックする

③ ディスクのプロパティ画面が表示されるので、[全般] タブをクリックする

④ [ディスクのクリーンアップ] をクリックする

⑤ [ディスククリーンアップ] 画面が表示される

⑥ [システムファイルのクリーンアップ] をクリックする

⑦ [削除するファイル] の一覧ですべてのファイルにチェックする

⑧ [OK] をクリックする

⑨ 表示される確認ダイアログで、[ファイルの削除] をクリックすると、クリーンアップが実行される

03 | データを確実に守る 3つの方法

Microsoft Officeの自動回復機能を使う

Word、Excel、PowerPointをはじめとする、Microsoft Officeには「ファイルの自動回復機能」が搭載されています。そのため、「OSやアプリがフリーズしたためアプリを強制終了した」「編集中のファイルを保存できなかった」「うっかりファイルを一度も保存せずに終了してしまった」といった不測の事態が発生した場合でも、自動回復機能を利用すれば、最新に近い状態でファイルを復元できます。

> **ヒント**
>
> 自動回復機能を活用することも大切ですが、何よりも「こまめにファイルを保存すること」が大切です。ファイルの保存は［Ctrl］＋［S］を押すことで実行できるので、できるだけ頻繁に保存するようにしてください。そうすれば、作業の手戻りを最小限に抑えることができます。

▶ファイルを復元する

Wordの自動回復機能で保存されたファイルは、［ファイル］タブの［情報］の［ドキュメントの管理］画面で復元します。

なお、Excelは［ブックの管理］、PowerPointは［プレゼンテーションの管理］で同様の操作を行います。

操作手順

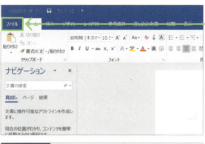

① 回復したい Office アプリ（ここでは Word）のファイルを開き、[ファイル] タブをクリックする

② 左メニューの [情報] をクリックする

③ [ドキュメントの管理] に表示されている回復したい時間のバージョンのファイルをクリックする

④ 自動回復で保存されたファイルが開く

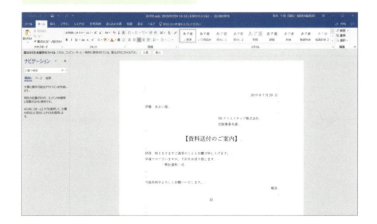

❺ 画面上部にメッセージが表示されているので、保存前と後のファイルを比較したい場合は［比較］をクリックする

❻ どこがどのように異なるのか、変更履歴と各ファイルの状態を比較して確認できる

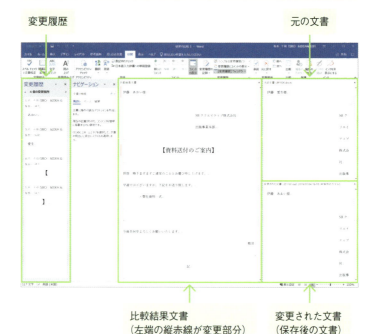

変更履歴

元の文書

比較結果文書
（左端の縦赤線が変更部分）

変更された文書
（保存後の文書）

❼ 保存後のファイルの内容で保存前のファイルを置き換えてもよければ、❺のファイルに戻って［復元］をクリックする

❽ 下記のメッセージが表示されるので［OK］ボタンをクリックする

　これで、自動回復して保存されたファイルの内容で、元のファイルが上書きされ、完全に復元されました。

　なお、自動回復して保存されたファイルの内容で上書きしたくない場合は、そのまま放置しても大丈夫ですが、❷でファイルを右クリックして［このバージョンを削除］をクリックしましょう。

自動回復の間隔を変更する

自動回復の間隔は、初期設定では[10分ごと]です。**10分では間隔が長すぎるので、最短の[1分]に変更しましょう。**

ただし、間隔を短くするとその分だけ保存の回数が増えるため、パソコンのパフォーマンスに影響をおよぼす恐れがあります。メモリ容量などに不安がある場合は、一度短く設定して様子を見てみるとよいでしょう。

操作手順

❶ 各Officeアプリの[ファイル]メニューから[オプション]をクリックする

❷ オプション画面が表示されるので[保存]をクリックする

❸ [次の間隔で自動回復用データを保存する]に「1」を入力し、ダイアログ下部にある[保存]をクリックする

一度も保存していないファイルを復元する

　作成中のファイルを一度も保存せずにアプリを終了してしまったり、パソコンをシャットダウンしてしまった場合でも、自動回復機能によって作成中のファイルを復元できる場合があります。

　p.221などで操作した、下図の画面の[ドキュメントの管理]をクリックして表示される[保存されていない文書の回復]をクリックすると、一度も保存されていない、一時的に保管されているファイルが一覧で表示されるので、その中から探してみましょう。

図 **以下の画面で復元する**

重要なデータはクラウドにも保存しておこう

　Officeアプリの自動回復機能はとても役立つ機能ですが、完璧ではありません。ファイルの保存先であるディスクがクラッシュしてしまったら、ファイルは復元できません。絶対に失ってはいけない重要なデータは、本来の保存先とは物理的に別のディスクにバックアップしておく必要があります。筆者は、クラウドストレージに保存するようにしています。GoogleドライブやDropBoxなどに代表されるクラウドストレージは、自分のパソコンが壊れようが、ディスクが壊れようが、何ら影響を受けません。情報漏えいの心配もローカルで保管するより格段に低いと考えています。

04 | パソコンの動作が突然重くなる原因

Windows Updateが動作している可能性がある

「最新のOSと最新のブラウザを使い、パソコンのスペックも問題がないにもかかわらず、パソコンの動作が重くなる」。筆者も数ヶ月に1回程度そのようなことがあります。そのような時は、タスクマネージャーを起動して(p.215)、どのアプリがどのぐらいのメモリ容量を使用しているかチェックしてください。起動した覚えのないアプリや必要のないアプリが動いていればそれらを終了します。

それでも改善されない場合は、バックグラウンドでWindows Updateが動いている可能性があります。Windows Updateでしたら、心配はいりません。アップデートの作業が完了すれば、いつもの状態に戻ります。

Windows Updateが動作しているか否かは、[設定]画面の[更新とセキュリティ]の[Windows Update]で確認できます。

図 Windows Update の確認画面

第 **9** 章

【挑戦編】
最高の
効率化へ導く
５つの提案

01 簡単なやり取りにはチャットを使う

02 ビデオ会議の活用でさらなる効率化へ

03 常に最新のファイルを共有しよう

04 ミーティングの設定はカレンダーを駆使すべし

05 クラウドメール「Gmail」を活用する

01 簡単なやり取りにはチャットを使う

日々のコミュニケーションを円滑化させる

　社内でのやり取りは口頭が多いでしょうか。それともメールでしょうか。筆者の会社では、昨年から全社的にチームコミュニケーションツール「Slack」を導入し、社員同士の簡単なやり取りはすべてこのアプリを使って行っています。

図「Slack」の Web サイト

URL https://slack.com/

　「はい」「いいえ」などの簡単な受け答えですむ質問でしたら、わざわざ席まで出向く必要はありませんし、メールで尋ねるには手間がかかりすぎます。そこでSlackのチャット機能を使用します。チャットはメールなどと比べて、簡単に、そしてスピーディーにやり取りできます。

　Google本社で仕事をしてつくづく感じたのは、アメリカの企業は日本の企業に比べて非常に合理的であるということで

す。物事の本質や目的から外れることにいたずらに時間や手間をかけるようなことはしません。誰かに確認したいことがあったら、わざわざ席まで出向くようなことはせず、チャットを立ち上げて「これで間違いないですか」「OKです」ですませてしまいます。それは、相手が上司であっても先輩であっても変わりません。

こうしたよい文化は、日本の企業も積極的に取り入れていくべきだと思います。

ただし、チャットを利用するにあたって1つだけ注意点があります。それは、==チャットの相手は、一度でも会って話したことのある人が前提となる==ということです。オンラインでしかやり取りをしたことがない人と、直接会って話をしたことのある人では、距離感の取り方が違ってきます。==チャットはどちらかというと距離感の近い人とやり取りするためのツール==です。

チャットを導入する前には、一度、顔合わせのためのミーティングを行うことをお勧めします。実際、Google本社でも顔合わせのためのミーティングが年に数回行われていました。

COLUMN
さまざまなコミュニケーションツール

昨今、ビジネスシーンにおいて、メールでのコミュニケーションに膨大な時間が費やされていることがわかり、その効率化が声高に叫ばれるようになりました。そのような中、業務上のコミュニケーションをより円滑にするためのアプリが多数リリースされています。筆者も利用している「Slack」をはじめ、Microsoft社の「Teams」や「Skype」、Google社の「ハングアウト」などさまざまです。ぜひみなさんも使いやすいツールを見つけて、活用してみてください。

02 | ビデオ会議の活用で さらなる効率化へ

遠距離移動にかかるコストを減らす

Googleでは、その地理的な理由から日常的にビデオ会議が行われていました。Googleには、カリフォルニア州マウンテンビューにある本社をはじめ、アメリカ国内だけでも20から30のオフィスがあります。仮にその間を飛行機で移動するとしたら、それだけで多くの時間とお金を要します。

マウンテンビューの本社にしても、日本のオフィスとは比べ物にならないほど広大です。場所によっては歩いて10分かかるところもあります。こうした環境から、Googleではビデオ会議を使うのはごく当然のことでした。

みなさんの会社ではどうでしょうか。移動や出張のために時間やお金をムダにはしていませんか。

国内の企業は、多くが東京に集中しています。そのためか、ビデオ会議は日常的といえるまでには普及していません。確かに、同じビル内でしたらその必要性はあまり感じないかもしれません。しかし、**本社と支社、地方の支社同士、社外の人との会議など、ビデオ会議を活用できる場面はいくつも考えられます**。「ビデオ会議はうちには関係ないよ」とすぐに切り捨ててしまうのではなく、活用できる場はないか、改めて確認してみてはいかがでしょうか。

日常の業務の中で効率化できることはどんどん効率化していく。移動のために時間やお金を費やすのはできるだけ避けてください。

筆者が普段利用しているのはビデオ会議ツール「Zoom」で

す。最近のノートPCにはカメラが搭載されているものが多いので、Zoomをインストールするだけで、すぐにでもビデオ会議をはじめることができます。場所に捉われることなく、ミーティングを開催できるので非常に便利です。ぜひ一度試してみてください。

図 ビデオ会議ツールの Zoom の Web サイト

URL https://zoom.us/jp-jp/meetings.html

ビジネスにおいては実際に会うことも大切ですが、毎回会う必要もないと思います。ビデオ会議を導入すれば、1時間のミーティングのために何時間も移動に費やすような非効率さを減らすことができます。

> **COLUMN**
> **さまざまなビデオ会議ツール**
>
> ビデオ会議ツールには上記で説明した「Zoom」以外もあります。代表的なものに Google 社の「ハングアウト」や、Apple 社の「Face Time」などがあります。

03 | 常に最新のファイルを共有しよう

Googleが提供する「G Suite」について

最近、国内の大手企業の間で「**G Suite**」(https://gsuite.google.co.jp/)の導入が急速に進んでいます。

G Suite（ジー・スウィート）とは、**Googleが提供しているビジネス用ツールのパッケージ**です。メール（Gmail）、ドキュメント（Google ドキュメント）、カレンダー（Googleカレンダー）、ストレージサーバー（Googleドライブ）などが含まれています。

G Suiteの主な導入企業には、ANA、アシックス、カシオ、富士フイルム、ファミリーマート、クボタ、キユーピー、森ビル、帝国ホテル……などがあります（本書執筆時点）。おそらく今後、この流れはますます加速していくことでしょう。

それも当然のことです。なぜなら、**G Suiteに代表されるオンラインビジネスツールを導入することは、企業にとっても、従業員にとってもメリットしかないから**です。ビジネスツールとしてのクオリティは高く、保守・運用・開発コストを大幅に削減できます。あえてデメリットを挙げるとするならば、オンライン環境でなければ使用できない点でしょう。ですが、特殊な業務を除き、オンライン環境下にないパソコンを主に使用している企業は、今やほとんどないのではないでしょうか。

「Google ドキュメント」を使用するメリット

G Suiteの中でも本書で取り上げたいのは、オンラインド

キュメント「**Google ドキュメント**」（https://docs.google.com/）
です。Google ドキュメントはMicrosoft社のOffice製品でいう
ところの、Word、Excel、PowerPointに相当し、それぞれ「**ド
キュメント**」、「**スプレッドシート**」、「**スライド**」と呼ばれてい
ます。

　ではこれらのツールを使用することで、私たちユーザーはど
のようなメリットが得られるのでしょうか。

　まず、**いつでもどこでも確認や更新がリアルタイムでできる
ようになります**。しかも、パソコンだけではなく、スマート
フォンやタブレットからのアクセスも可能です。

　また、**複数名による共同作業ができ、これまでのようにメー
ルにファイルを添付してやりとりする必要はありません**。ファ
イルのバージョン管理も自動で行われます。ファイルを更新す
るたびに履歴が保存されるので、最新のバージョンから以前の
バージョンにさかのぼって編集し直すこともできます。もしも
のときのためのバックアップも不要です。

　さらに、**Microsoft社のOffice製品との互換性もある**ので、
オンライン上で作成・編集したファイルをダウンロードして、
ローカルで編集し直すこともできます。

　このように具体的にメリットを挙げていくと、冒頭でお話し
たように「メリットしかない」ことがおわかりいただけたはずで
す。

　そうはいっても従来の方法をガラリと新しいものに切り替え
るのはそう簡単なことではありません。そのことは筆者も十分
に承知しています。そこで私からの提案です。まずはあなたの
チームの中で、たとえば会議の議事録をGoogleドキュメント
で作成し、共有してみてはどうでしょうか。そこで「いいね」の
評価が得られれば少しずつ認知されていくはずです。私たち日

本人は急激な変化はあまり好みません。ところが一度、変わってしまうと順応するのは早いです。まずはあなたが試してみて、メリットを体感してみてください。すべてはそこからです。

ドキュメントの操作例

「ドキュメント(Microsoft Office製品でいうところのWord)」を例に、実際にどのように操作するのか紹介しましょう。

Googleアカウントにログインし、Googleドキュメントのドキュメント画面を開くと下図のような画面が表示されます。

図 ドキュメントの作成

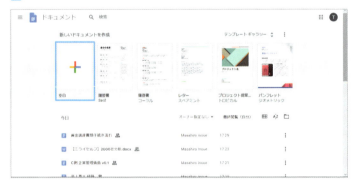

「空白」と表示されたアイコンをクリックすると、新規作成画面が表示されるので、そこで文書(ドキュメント)を作成します。

例として、次ページのような文書を作成してみました。

図 ドキュメントの作成画面（基本）

Wordほど高機能ではありませんが、基本機能はしっかりカバーしています。また、基本的な操作方法もWordとほぼ同じです。

ドキュメントの共有例

ここからが注目していただきたい「共有」に関する機能です。文書を共有すると複数名での共同作業が可能になります。変更した箇所にはコメントを付けられ、情報共有もスムーズに行えます。

図 ドキュメントにコメント挿入

相手のコメントを確認できるだけでなく、コメントの挿入・返信も可能

そして、文書を更新するたびに変更履歴が自動保存されます。

図 ドキュメントのバージョン管理

上図にあるように、変更履歴で変更内容を確認したり、以前のバージョンに戻せます。

また、作成したドキュメントを自分のパソコンにダウンロードするには、保存先の「マイドライブ」にあるファイルアイコンを右クリックして表示されるメニューの「ダウンロード」をクリックします。

図 マイドライブの管理画面（ドキュメントの保存先）

ファイルの検索は、「ドキュメント」「スプレッドシート」など種類ごとに行うことができ、非常に高速です。この検索と、p.103で紹介したファイル命名法をかけあわせれば、大抵のファイルはすぐに見つかります。

図 マイドライブ内の検索

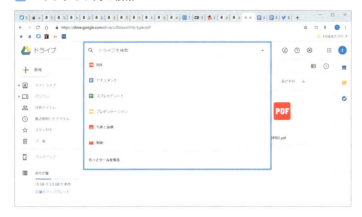

ドキュメントはWordで開いて編集することも可能です。

図 ドキュメントを Word で開いた画面

04 | ミーティングの設定はカレンダーを駆使すべし

Googleカレンダーで予定を徹底管理する

　筆者の会社では、社員全員のスケジュールを「Googleカレンダー」(オンラインカレンダー)で管理しています。オンラインカレンダーの最大のメリットは、全社員のスケジュールを一目で把握できることです。オンラインに切り替えてからは、ミーティングの日程調整が楽になりました。

　全社員のカレンダーを共有して、空いている時間帯を探し、ミーティングの予定を書き込みます。必要であれば、資料を添付することもできますし、出欠確認もカレンダーで管理できます。これまでのように1人ひとりに予定を聞いて回ったり、メールを一斉配信して日程調整する必要はありません。日程の調整から資料の配布、出欠確認まで、すべてオンラインで完結できるのです。しかも、Googleカレンダーには、ミーティング参加者の空いている時間を自動でピックアップしてくれる機能が用意されているので、空いている時間を探す必要すらありません。

　ただし、この機能を有効に機能させるためには、これまでのように会議日程だけを書き込むのでは不十分です。会議日程以外の業務予定も書き込んでおく必要があります。たとえばプレゼンが間近に控えていて、前日にその準備時間を確保したいといった場合には、カレンダーに「資料作成」などの予定を書き込んでおく必要があります。なぜならカレンダーの空白は、イコール「予定がない」とみなされ、ミーティングの候補日時とみなされるからです。オンラインカレンダーを導入する際には、

こういった「**これまでの予定表との違い**」をメンバー全員で理解しておく必要があります。

ちなみに、筆者の会社では、カレンダーを空白のままにしておいて、「実はその日は忙しくてミーティングには出られません」といった言い訳はいっさい認めていません。管理の徹底が重要です。

図 Googleカレンダーによるスケジュールの共有

Googleカレンダーを使うと、上図のように、複数人のスケジュールを共有し、一括で管理することができます。そのため、どの日の何時に誰が空いているのかが一目瞭然です。これまで一度も使ったことのない人はこの機会にぜひ使ってみてください。

▶ **Googleカレンダー**
URL https://calendar.google.com/

05 ｜ クラウドメール「Gmail」を活用する

日々進化するGmailでメール業務を短縮化

　最後に筆者が学生の頃から愛用している、Googleのクラウドメール「Gmail」を紹介します。

　Gmailは、G Suiteに含まれるビジネスツールの1つです。他のツールと同様、Gmailを使うことで他のメールアプリにはない、いくつものメリットを享受できます。

　みなさんの中に、外出先や自宅、あるいは電車内で仕事をしている人はいるでしょうか。筆者もその一人ですが、**Gmailなら、いつでもどこでもメールのチェックや送信・返信ができます**。また、複数のアカウントや複数の端末を使っている場合も、**すべてのアカウントをGmailで管理できます**。端末ごとにメールの設定を行う必要はありません。ブラウザ1つですべての作業が完結します。

　Gmailは最初のバージョンがリリースされてから15年が経ち、今では非常に高機能・多機能になっています。本書の7章で取り上げたOutlookを使った仕事術も、ほとんどそのままGmailに応用できます。スパムフィルターも優秀ですし、キーボードショートカットも充実しているので、オンライン環境さえあれば、効率よくメールを処理できます。

　検索機能も優秀で、宛先（アドレス）のサジェスト機能も用意されているので、筆者はこれまでに住所録を作成したことがありません。Gmailなら、検索機能や履歴を利用することで目的のアドレスを見つけられます。本書の執筆にあたって、10年前にお世話になった大学時代の恩師のメールアドレスを検索して

みたところすぐに見つけられました。

　Gmailを通じてやりとりしたメールは、筆者にとっては大切な財産です。これまでに頂いたメールを削除したことはありません（迷惑メールや広告メールを除く）。

　Gmailは、大手企業だけでなく、多くのベンチャー企業で広く使われています。もちろん筆者も会社でもGmailがデフォルトのメールアプリとなっています。

図 Gmailのメイン画面

メールの作成、送受信、返信方法など、基本的な操作はOutlookとほぼ同じ

図 メールの新規作成画面

メイン画面の左上にある[作成]をクリックすると表示される

図 ショートカットキーの設定

メイン画面の右上にある [設定] ボタンをクリックして、[全般] タブの [キーボードショートカット] を ON に設定すると、ショートカットが使えるようになる

表 筆者がよく使うショートカットキー

操作内容	ショートカット
新しい(古い)スレッドに移動する	K (J)
スターを付ける/外す	S
メールを開く	O または Enter
次のメッセージに移動する	N
前のメッセージに移動する	P

参考 URL https://support.google.com/a/users/answer/163225?hl=ja

図 ラベル作成でフォルダ分け

メールを分類・管理したいときは、「新しいラベル」を作成する。作成したラベルにメールをドラッグ&ドロップして振り分ける

図 検索項目の多さ

キーワード検索の他、送り主、件名、期間を絞ってメールを検索できる

図 休暇中などの不在時に便利な「不在時の自動返信」機能

[不在通知]をONに設定しておくと、メール受信時に自動でメールが送信される

ショートカットキー一覧

Excel

行・列

削除する　［Ctrl］+［-］

挿入する　［Ctrl］+［+］

行を選択する　［Shift］+［space］

列を選択する　［Ctrl］+［space］

検索・置換

検索する　［Ctrl］+［F］

置換する　［Ctrl］+［H］

コピー＆ペースト

Enterキーでコピー＆ペーストする　コピーして［Enter］

上のセルをコピー＆ペーストする　［Ctrl］+［D］

左のセルをコピー＆ペーストする　［Ctrl］+［R］

形式を選択してコピー＆ペーストする　コピーして［Ctrl］+［Alt］+［V］

書式

文字を太字にする　［Ctrl］+［B］

文字に下線を付ける　［Ctrl］+［U］

文字を斜体にする　［Ctrl］+［I］

数式

セルを絶対参照に変換する　［F4］

セル

1ページ分上にスクロールする　［PageUp］

1ページ分下にスクロールする　［PageDown］

先頭のセルに移動する　［Ctrl］+［Home］

末尾のセルに移動する　［Ctrl］+［End］

隣が空白のセルに移動する　［Ctrl］+［↑］、［↓］、［←］、［→］

右のセルに移動する ［Tab］

入力済のセルを編集する ［F2］

同じデータを入力する ［Alt］+［↓］

入力

現在の日付を入力する ［Ctrl］+［;］

現在の時刻を入力する ［Ctrl］+［:］

その他

直前に行った操作を繰り返す ［F4］

Gmail

操作

メールを開く ［O］または［Enter］

移動

新しいスレッドに移動する ［K］

古いスレッドに移動する ［J］

次のメッセージに移動する ［N］

前のメッセージに移動する ［P］

スター

スターを付ける ［S］

スターを外す ［S］

Outlook

操作

新規メールを作成する ［Ctrl］+［N］

送信する ［Alt］+［S］または［Ctrl］+［Enter］

返信する ［Ctrl］+［R］

全員に返信する　[Ctrl]+[Shift]+[R]

転送する　[Ctrl]+[F]

削除する　[Delete]

新着メールを受信する　[Ctrl]+[M]

選択中のメールを表示する　[Enter]

移動

次のメッセージに進む　[↓]

前のメッセージに戻る　[↑]

1ページ分スクロールする　[space]

入力欄を移動する　[Tab]

検索

検索ボックスにカーソルを移動する　[Ctrl]+[E]

PowerPoint

書式

文字に下線を付ける　[Ctrl]+[U]

文字を斜体にする　[Ctrl]+[I]

文字を太字にする　[Ctrl]+[B]

Word

書式

文字に下線を付ける　[Ctrl]+[U]

文字を斜体にする　[Ctrl]+[I]

文字を太字にする　[Ctrl]+[B]

Windows OS操作

エクスプローラー

エクスプローラーを開く ［Windows］+［M］

新規フォルダを作成する ［Ctrl］+［Shift］+［N］

次のフォルダを表示する ［Alt］+［→］

前のフォルダを表示する ［Alt］+［←］

ファイルやフォルダを検索する ［Ctrl］+［F］

ファイルやフォルダのプロパティを表示する ［Alt］+［Enter］

デスクトップ

パソコンをロックする ［Windows］+［L］

ウィンドウ

作業ウィンドウを切り替える ［Alt］+［Tab］

ウィンドウを閉じる ［Ctrl］+［W］

すべてのウィンドウを最小化する ［Windows］+［M］

作業ウィンドウを最大化する ［Windows］+［↑］

作業ウィンドウを最小化する ［Windows］+［↓］

ウィンドウを左右に並べる ［Windows］+［←］

文字操作

ひらがなに変換する ［F6］

カタカナに変換する ［F7］

半角カタカナに変換する ［F8］

全角英数字に変換する ［F9］

半角英数字に変換する ［F10］

カーソルを行頭へ移動する ［Home］

カーソルを行末へ移動する ［End］

カーソルを文頭へ移動する ［Ctrl］+［Home］

カーソルを文末へ移動する　[Ctrl]+[End]

単語ごとに移動する　[Ctrl]+[←]、[→]

単語ごとに選択範囲を広げる　[Ctrl]+[Shift]+[→]

単語ごとに選択範囲を狭める　[Ctrl]+[Shift]+[←]

カーソル位置から行の先頭まで選択する　[Shift]+[Home]

カーソル位置から行の末尾まで選択する　[Shift]+[End]

ブラウザ操作

ウィンドウ

新規ウィンドウを開く　[Ctrl]+[N]

タブ

新規タブを開く　[Ctrl]+[T]

現在のタブを閉じる　[Ctrl]+[W]

右のタブに移動する　[Ctrl]+[Tab]

左のタブに移動する　[Ctrl]+[Shift]+[Tab]

直前に閉じたタブを開く　[Ctrl]+[Shift]+[T]

検索

ページ内を検索する　[Ctrl]+[F]

その他

1ページ分、画面を下へスクロールさせる　[space]

1ページ分、画面を上へスクロールさせる　[Shift]+[space]

ページを1つ戻る　[Alt]+[←]

ページを1つ進む　[Alt]+[→]

ホームページに移動する　[Alt]+[Home]

アドレスバーの文字列を選択する　[Alt]+[D]

索引

数字・記号

2段階認証	100
=	163
<>	163
<	163
>	163
<=	163
>=	163
$	167

A

AND検索（インターネット検索） … 65

B

BCC 189

C

CC	189
COUNTIF関数	167

D

DropBox 202

E

Excel

↳ 関数

COUNTIF関数	167
IF関数（条件）	162
SUM関数（合計）	160
SUMIF関数	170
絶対参照	167
相対参照	167
論理式	163

↳ 行・列

削除する	153
挿入する	153
行を選択する	153
列を選択する	153

↳ コピー＆ペースト

Enterキーで	154
上のセルを	154
形式を選択して	155
左のセルを	154

↳ セル

1ページ分上にスクロールする	153
1ページ分下にスクロールする	153
同じデータを入力する	153
末尾のセルに移動する	153
先頭のセルに移動する	153
隣が空白のセルに移動する	153
入力済のセルを編集する	153
右のセルに移動する	153

↳ データ操作

空白のセルや行をまとめて削除する	179
セル内の改行をまとめて削除する	177
ソートする	177
フィルターをかける	175

↳ 入力

オートフィル（連続データを自動入力）	157

現在の日付を入力する............ 153
現在の時刻を入力する............ 153
連続データの作成................... 158
↳その他
直前に行った操作を繰り返す... 153

G

Gmail

↳概要... 240
↳キーボードショートカット機能を
ONにする................................. 242
↳操作
新しいスレッドに移動する... 242
スターを付ける...................... 242
スターを外す......................... 242
次のメッセージに移動する... 242
古いスレッドに移動する....... 242
前のメッセージに移動する... 242
メールを開く......................... 242
↳不在通知.. 243

Google Chromeの同期を
有効にする............................... 96

Googleカレンダー............... 238

Google検索の機能

↳計算機を表示する...................... 94
↳辞書機能を使う........................... 94
↳単位換算する............................... 94
↳天気を調べる............................... 92
↳荷物の追跡調査をする.............. 93
↳フライトスケジュールを調べる... 93
↳郵便番号を調べる...................... 92
↳ルート検索する........................... 93

Googleドキュメント

↳スプレッドシート........................ 233
↳スライド.. 233
↳ドキュメント
概要.. 233
共有する................................. 235
作成する................................. 234
ダウンロードする.................... 236

Googleドライブ

↳ファイルをアップロードして
共有する................................. 202

G Suite............................... 232

I

IF関数（条件）........................ 162
IMEの辞書機能で単語登録.......... 49
IMEの郵便番号辞書機能............. 51
InPrivateウィンドウ................. 72
InPrivateモード....................... 72

M

Microsoft Office

↳一度も保存していないファイルを
復元する................................. 225
↳自動回復の間隔を変更する....... 224
↳ファイルの自動回復機能............ 220
↳ファイルを復元する.................... 220
↳復元前と後のファイルを
比較する................................. 222

250

索引

N

NOT検索（インターネット検索） 66

O

OR検索（インターネット検索）… 66

OSのバージョンを確認する…… 209

S

Slack ……………………………… 228

Snipping Tools……………………… 118

SUM関数（合計）…………………… 160

SUMIF関数 ……………………… 170

T

TO ………………………………… 189

W

Windows Update ………………… 226

Z

Zoom ……………………………… 230

あ

あいまい検索
（インターネット検索）……………… 66

アドレスバーの
検索エンジンを変更する ………… 87

アプリ

↳現在起動している
アプリを確認する……………… 215

↳削除する ……………………… 24

い

印刷

↳Webページを必要なだけ
印刷する ……………………… 109、111

インデックスの作成（フォルダ）… 107

う

ウィンドウ

↳ウィンドウを左右に並べる ……… 57

↳ウィンドウをすべて最小化する… 55

↳ウィンドウを閉じる ……………… 54

↳作業ウィンドウを切り替える …… 52

↳作業ウィンドウを最小化する …… 56

↳作業ウィンドウを最大化する …… 56

え

エクスプローラー

↳飛び飛びのファイルやフォルダを
選択する ………………………… 61

↳開く……………………………… 59

↳ファイルやフォルダのプロパティを
表示する ……………………… 59

↳ファイルやフォルダを検索する… 59

↳ファイルやフォルダをすべて
選択してから一部を取り除く ……… 61

↳プレビューウィンドウの表示 …… 106

↳連続したフォルダやファイルを
選択する ……………………… 60

閲覧履歴の削除（ブラウザ）……… 75

お

お気に入りバー……………………… 77

251

お気に入りフォルダの作成 ……… **81**

オートフィル（Excel） ……………… **157**

オブジェクトの配置 ……………… **141**

か

画像検索
（インターネット検索） ………… **68**

カーソル

↳ 行頭へ移動する ………………… **46**

↳ 行末へ移動する ………………… **46**

↳ 文頭へ移動する ………………… **46**

↳ 文末へ移動する ………………… **46**

完全一致検索
（インターネット検索） ………… **65**

き

期間指定して検索
（インターネット検索） ………… **67**

キー設定のカスタマイズ ………… **48**

既定のアプリを設定する ………… **30**

キーボードの
ホームポジション ………………… **44**

く

クイックアクセス

↳ クイックアクセスに登録する ……… **19**

↳ クイックアクセスから開く ………… **21**

け

ゲストウィンドウ ………………… **73**

ゲストモード …………………………… **72**

検索

↳ 検索（Excel、Word、PowerPointなど）

　検索する ……………………………… **173**

↳ 検索（インターネット）

　AND検索 ……………………… **65**

　NOT検索（マイナス検索）……… **66**

　OR検索 ……………………… **66**

　あいまい検索 ……………… **66**

　画像検索……………………… **68**

　完全一致検索 ……………… **65**

　期間指定して検索 ………… **67**

　ページ内検索 ……………… **68**

↳ 検索（メール）

　検索する………………………… **197**

　検索対象を指定する ……………… **199**

検索エンジンを変更する
（アドレスバー） ………………… **87**

検索窓（デスクトップ） ………………… **18**

検索履歴から再検索
（Google検索） ………………………… **81**

検索履歴の削除（Google検索）…… **81**

さ

サジェスト機能 …………………… **70**

し

シークレットウィンドウ ………… **72**

シークレットモード ……………… **72**

自動回復機能
（Microsoft Office） ……………… **220**

集中モードをオンにする ………… **29**

署名を登録・入力する（メール）… **191**

索引

す

スクリーンショットを
手軽に行う ……………… 118

スタートを非表示にする ………… 22

スタートアップから
不要なアプリを削除する ………… 25

スプレッドシート
(Googleドキュメント) ………… 233

(パソコンを)スリープする
ショートカットキーを
カスタマイズする ………………… 40

スマートガイド……………………… 140

スライド
(Googleドキュメント) ………… 233

せ

前回開いたページを表示する…… 85

た

タスクバーにピン留めする…………17

タスクマネージャーを
起動する ………………………… 215

単語の登録 ……………………… 49

ち

置換する(Excel、Word、
PowerPointなど) ………………… 174

つ

通知
↳オフにする……………………… 27
↳重要な通知だけまとめて

オフにする……………… 29
↳プレゼン中だけオフにする ……… 29

て

ディスククリーンアップ …………217

デスクトップ
↳検索窓で検索する……………………18

と

ドキュメント
(Googleドキュメント) ………… 233

は

背景グラフィック ……………111、113、114

パスワード(ブラウザ)
↳自動生成し、保存する ……………… 97
↳編集または削除する ……………… 99
↳保存する …………………………… 98

パソコン
↳スリープのショートカットキーをカ
　スタマイズする ……………………… 40
↳ロックする……………………………… 37
↳ロックのショートカットキーをカス
　タマイズする ……………………… 38

ふ

ファイル共有サービス …………… 202

ファイルをアップロードして
共有する ………………………… 202

フィルター
↳フィルターをかける(Excel) ……… 175

253

↳フィルターをかける（メール）⋯⋯ 198

フォト
↳回転させる⋯⋯⋯⋯⋯⋯⋯⋯⋯ 116
↳自動補正する⋯⋯⋯⋯⋯⋯⋯⋯ 117
↳手動調整する⋯⋯⋯⋯⋯⋯⋯⋯ 117
↳トリミングする⋯⋯⋯⋯⋯⋯⋯ 116
↳フィルターの選択⋯⋯⋯⋯⋯⋯ 117
↳編集画面を開く⋯⋯⋯⋯⋯⋯⋯ 115

フォルダ・ファイル
↳インデックスの作成⋯⋯⋯⋯⋯ 107
↳新規フォルダを作成する⋯⋯⋯⋯ 59
↳次のフォルダを表示する⋯⋯⋯⋯ 59
↳飛び飛びのフォルダ・ファイルを
　選択する ⋯⋯⋯⋯⋯⋯⋯⋯⋯⋯ 61
↳前のフォルダを表示する⋯⋯⋯⋯ 59
↳フォルダ・ファイルを検索する
　（エクスプローラー）⋯⋯⋯⋯⋯ 59
↳連続したフォルダ・ファイルを
　選択する ⋯⋯⋯⋯⋯⋯⋯⋯⋯⋯ 60

ブックマークバー ⋯⋯⋯⋯⋯ 79

ブックマークフォルダの作成 ⋯⋯ 81

プライバシーモード ⋯⋯⋯⋯⋯ 72

ブラウザ
↳アドレスバーの文字列を
　選択する ⋯⋯⋯⋯⋯⋯⋯⋯⋯⋯ 59
↳閲覧履歴の削除 ⋯⋯⋯⋯⋯⋯ 75
↳画面を1ページ分、
　上へスクロールさせる ⋯⋯⋯⋯ 59
↳画面を1ページ分、
　下へスクロールさせる ⋯⋯⋯⋯ 59
↳現在のタブを閉じる ⋯⋯⋯⋯ 59

↳新規ウィンドウを開く ⋯⋯⋯⋯ 59
↳新規タブを開く ⋯⋯⋯⋯⋯⋯ 59
↳前回開いたページを表示する 85
↳直前に閉じたタブを開く ⋯⋯ 59
↳次のページに進む⋯⋯⋯⋯⋯⋯ 59
↳前のページに戻る ⋯⋯⋯⋯⋯ 59
↳右のタブに移動する ⋯⋯⋯⋯ 59
↳バージョンを確認する ⋯⋯⋯ 211
↳パスワードを自動生成し、
　保存する ⋯⋯⋯⋯⋯⋯⋯⋯⋯ 97
↳パスワードを編集または削除する⋯ 99
↳パスワードを保存する ⋯⋯⋯ 98
↳左のタブに移動する ⋯⋯⋯⋯ 59
↳ページ内を検索する ⋯⋯⋯⋯ 59
↳ホームページに移動する ⋯⋯ 59

プレビューウィンドウの表示
（ブラウザ）⋯⋯⋯⋯⋯⋯⋯⋯ 106

「プログラムから開く」から
ファイルを開く⋯⋯⋯⋯⋯⋯⋯ 21

プロパティを表示する
（エクスプローラー）⋯⋯⋯⋯⋯ 59

へ

ページ内検索
（インターネット検索）⋯⋯⋯⋯ 68

ほ

ホームポジション
（キーボード）⋯⋯⋯⋯⋯⋯⋯ 44

ま

マイナス検索

254

（インターネット検索） ……… 65

マウス

↳移動速度を設定する ……………… 33

め

メモリ容量を確認する ……… 209

メール

↳1ページ分スクロールする ………193
↳検索する ……………………… 197
↳検索対象を指定する ……………… 199
↳検索ボックスにカーソルを移動……193
↳削除する ……………………… 193
↳署名を登録・入力する ……………… 191
↳新規メールを作成する …………… 193
↳新着メールを受信する …………… 193
↳全員に返信する ………………… 193
↳選択中のメールを表示する ……… 193
↳送信する ……………………… 193
↳次のメッセージに進む …………… 193
↳転送する ……………………… 193
↳入力欄を移動する………………… 193
↳フィルター機能でメールを絞り込む ……198
↳フラグごとに並び替え …………… 195
↳フラグを付ける ………………… 195
↳返信する ……………………… 193
↳前のメッセージに戻る …………… 193
↳未読メールのみ表示する…………… 198

も

文字の装飾

↳色を変える………………………… 136
↳下線を付ける …………………… 137
↳サイズを変更する……………………… 134
↳斜体にする ……………………… 138
↳太字にする ……………………… 135

文字入力

↳カタカナに変換する ……………… 45
↳全角英数字に変換する …………… 46
↳半角英数字に変換する …………… 46
↳半角カタカナに変換する…………… 45
↳表示速度を設定する …………… 35
↳ひらがなに変換する ……………… 45
↳郵便番号から住所を入力する ……51

文字入力に関する操作

↳カーソル位置から行の先頭まで選択
する………………………………… 59
↳カーソル位置から行の末尾まで選択
する………………………………… 59
↳カーソルを行頭へ移動する ……… 46
↳カーソルを行末へ移動する ……… 46
↳カーソルを文頭へ移動する ……… 46
↳カーソルを文末へ移動する ……… 46
↳単語ごとに選択範囲を狭める …… 59
↳単語ごとに選択範囲を広げる …… 59

ゆ

郵便番号から住所を入力する ……51

ろ

（パソコンを）ロックする ………… 37

論理式（Excel） ……………… 163

■ 著者紹介

井上 真大 （いのうえ まさひろ）

1988年3月19日生。甲陽学院中学校・高等学校、京都大学大学院情報学研究科修了。
日本人で初めて新卒でGoogle本社にエンジニアとして採用され、社内で高い評価
を得た後、株式会社ミライセルフを創業。現株式会社ミライセルフ代表取締役会長
CEO・CTO。

- 装幀　　　　　井上 新八
- 本文デザイン　二ノ宮 匡
- 写真提供　　　Pixabay
- 組版　　　　　BUCH⁺
- 編集協力　　　津村 匠
- 編集　　　　　坂本 千尋

■ 本書のサポートページ

https://isbn2.sbcr.jp/00709/

本書をお読みいただいたご感想を上記URLからお寄せください。
本書に関するサポート情報やお問い合わせ受付フォームも掲載しておりますので、
あわせてご利用ください。

Googleで学んだ超速パソコン仕事術
誰でもすぐに使える業務効率化のテクニック81

2019年 8月19日　初版第1刷発行
2019年10月17日　初版第2刷発行

著　者　　　井上 真大

発行者　　　小川 淳

発行所　　　SBクリエイティブ株式会社
　　　　　　〒106-0032　東京都港区六本木2-4-5
　　　　　　https://www.sbcr.jp/

印刷・製本　株式会社シナノ

落丁本、乱丁本は小社営業部（03-5549-1201）にてお取り替えいたします。
定価はカバーに記載されております。
Printed in Japan　ISBN 978-4-8156-0070-9